A DREAM THAT HAS BEEN LAUGHED
AT BY OTHERS WILL ONE DAY MAKE YOU SHINE

被嘲笑的梦想，总有一天
会让你闪闪发亮

骆宾　编著

吉林文史出版社
JILINWENSHICHUBANSHE

图书在版编目（CIP）数据

被嘲笑的梦想，总有一天会让你闪闪发亮 / 骆宾编
著 . —— 长春：吉林文史出版社，2018.9（2019.5 重印）
ISBN 978-7-5472-5215-4

Ⅰ.①被… Ⅱ.①骆… Ⅲ.①散文集—中国—当代
Ⅳ.① I267

中国版本图书馆 CIP 数据核字（2018）第 157161 号

BEICHAOXIAODEMENGXIANG ZONGYOUYITIANHUIRANGNISHANSHANFALIANG

书　　名　**被嘲笑的梦想，总有一天会让你闪闪发亮**

编　　著　骆　宾
责任编辑　于　涉　高冰若
封面设计　尚世视觉
出版发行　吉林文史出版社
地　　址　长春市人民大街 4646 号　邮编：130021
网　　址　www.jlws.com.cn
印　　刷　北京德富泰印务有限公司
开　　本　880mm × 1230mm　1/32
印　　张　8.5
字　　数　190 千
版　　次　2018 年 9 月第 1 版　2019 年 5 月第 2 次印刷
书　　号　ISBN 978-7-5472-5215-4
定　　价　35.00 元

一位哲人曾经说过:"世界本没有假、恶、丑,我们所谓的假、恶、丑,其实只是真善美的失去,造物者之所以会允许真善美的失去,是为了让我们更好地认识它们,懂得它们,珍惜它们。"

梦想也一样。现实的阻挠只是为了让我们更加坚定梦想,如果有人对你说:"嘿,别做梦了",你敢不敢回一句:"梦,才是最真的现实。"

有一个少年,7 岁的时候,便在台北百货公司的魔术专柜前流连忘返,对专柜前表演的奇幻魔术深深着迷,他用零花钱买下了人生中第一个魔术道具——"空中来钱"。

在课堂上,这个少年开始偷偷地练习"空中来钱"的表演方法。有一次,一枚硬币一不小心滚落到了讲台边,气愤的老师当场没收了他口袋里的全部硬币。男孩羞红了脸,说了一句:"老师,我要成为一个魔术师!"全班同学哄堂大笑。委屈的男孩回到家,对父亲说:"爸爸,我的梦想是成为魔术大师,可他们却嘲笑我……"他的话还没有说完,气急败坏的父亲就跺着脚朝他大叫:"你疯啦?"

但他瞒着父母，继续陷入对魔术世界的探索中。当同龄人还在玩捉迷藏时，他却在各大商店的魔术专柜前悄悄学习魔术师的表演，用好奇的钥匙一次一次地去解开魔术的谜底。

因为对魔术的热情和痴迷，他遭到了父母的打骂、同学的冷落和邻居的嘲笑。人们说，这个整天胡思乱想的孩子是不是疯了？有一天，内向羞怯的他突然站在讲台上宣布："我的魔术师梦想不会远了！"同学们一阵哈哈大笑。在同学们的嘲笑声中，他开始表演神奇货币穿盒术，表演结束后，教室里响起了雷鸣般的掌声。他的魔术表演成功了，并轰动了全校。

在随后的时间里，这个少年一直坚持着自己的魔术梦想并不断去学习，在征战世界各地的魔术表演大赛中，他获得了10多次国际性大奖，成了驰名世界的青年魔术大师。有人称这个"魔法无边"的年轻人为现实版的哈利·波特，他就是令人最为津津乐道的年轻魔术大师——刘谦。

年轻人最重要的品质，就是善于创造并坚持梦想。不要看轻了自己，不要总去怀疑你是否配得上自己的梦想，那些叱咤风云的人物，也曾像我们一样，在狭窄破旧的出租屋里过灰头土脸的日子；不要因为眼前的坎坷总去怀疑梦想是否能被实现，那些看起来遥不可及的神话，常常有一个平淡无奇乃至举步维艰的开头；更不要因为别人的嘲笑而放弃自己的梦想，伟大的理想，一开始都容易被忽视，然后则是被嘲笑，接着则是群起反抗。太在意别人的期待，会让人无法忠于自我；太在意别人的看法，会让人迷茫，忘了自己心目中认为重要的事。其实，只要我们坚持做最好的自己，不轻言放弃，被嘲笑的梦想，往往会迎来实现的那一天。

CONTENTS
目 录

第一章 ▷

走出迷茫，可怕的是心中没有方向

人性最大的悲哀，是走不出心灵的迷茫；最坏的陋习，是丢弃了行进的方向。生活原本很苦，说出来的苦叫作软弱。若哭，只能哭给自己听；若笑，就笑给世界看。欢乐其实不多，埋于心中的苦谓之坚强。活着就是一场寂寞与孤独的修行，无论高尚卑微，都要强烈追逐自己的命运，只有你想要，然后才可能拥有。

脸上常带笑容，就不会有太多的痛苦

你知道吗，内心的快乐跟脸上的快乐有很大的差别。前者能使你充满自信，对人生怀有希望，带给周围人同样的快乐。

脸上的快乐具有消除害怕、生气、挫折感、难过、失望、沮丧、懊悔及不中用的能力。如果硬是在脸上浮现笑容，无论你遭遇了什么事，都会使你觉得再也没什么比这个更让你难受的了。

要让脸上表现出快乐的样子，并不是说要你不去理会所面对的困难，而是要学会保持快乐的心情，那样你就有可能改变生活中的许多事情。只要你能脸上常带笑容，就不会有太多的行动讯号令你感到痛苦。

一般字典上对快乐下的定义多半是：觉得满足与幸福。德国哲学家康德则认为："快乐是我们的需求得到了满足。"的确，快乐是一种美好的状态，也就是没有不好或痛苦的事情存在，让人觉得个人及周围的世界都挺不错。你该如何才能获得它呢？

1.主动寻觅、用心追求才能得到

追求快乐之道，有一个大前提，那就是要了解快乐不是唾手可得的。它既非一份礼物，也不是一项权利，你只有主动寻觅、努力追求，才能得到它。当你领悟出自己不能呆坐在那儿等候快乐降临的时候，你就已经在追求快乐的路途上跨出了一大步。怎么样？感觉不坏吧？先别乐，等你走完其他九步之后，你就必能到达快乐的真正境界。

2. 只跟自己比

从我们懂事以后，我们就感受到"成就"的压力，并且这种压力随着年龄的增长越来越强烈。因此年轻人处处想表现优异，以为自己非得十全十美，别人才会接纳自己、喜欢自己。一旦发觉自己处处不如人，就开始伤心、自卑，结果当然毫无快乐可言。

所以你应该以自己为衡量的标准，想想当初起步错在哪里？如今有无进展？如果你真的已经尽了力，那么请相信今天一定会比昨天好、明天会比今天更好。

3. 关心周围的人、事、物

假如你对某些人、事、物很关心的话，那么你对生命的看法一定会大大改观。如果你只为自己而活，那么你的生命也会变得很狭隘，处处受到局限。以自我为中心的人也许会不断地进步，但是却永远不易感到满足。

那么你应该关心什么？又应该关心谁呢？睁开眼睛想一想，我们虽然平凡，但至少可以接学童上下学，为病人念念书，到老人院打打杂，甚至把四周环境打扫干净……只要付出一点点，你就会快乐些。心理学家艾力逊曾经说过："只顾自己的人结果会变成自己的奴隶！"而关心别人的人，不但能对社会有所贡献，更可以避免因为只顾自己而过着枯燥乏味、毫无情趣的生活。

4. 不要太自信，也不能无信心

过分乐观的人总以为自己一定能达成所有的目标，因而忽略了沿途的险恶；极端悲观的人老是认为成功的希望非常渺茫，故而不敢迈步向前。这两种人都因此失去许多机会。

选定目标时，态度要客观，判断要实际，不要太有把握、掉以轻心，也不可缺少信心、畏首畏尾。

5. 步调太急时要放慢一点儿

你可能从早到晚忙这忙那，像个时钟似的团团转。可是当你停下来思索时，会不会觉得不太舒服、不够满意呢？许多人因为害怕面对空虚，就用很多琐事把时间填满，结果生活的步调绷得太紧，反而得不到真正的快乐。

只有把你所做的事全列出来，删掉那些可以删除的，才能挪出一点儿空闲的时间，好好轻松一下。闲暇也像一件奢侈品，可以使你感到满足。

6. 脸皮可以厚一点儿

根据专家调查研究，让人觉得满足的特点之一就是不要太在乎别人的批评，换句话说，就是脸皮要厚一点儿。不要因为外来的逆流而屈服，也不要因为别人的冷言冷语而伤心气愤，好像自己受了莫大的伤害。你应该反省自身，如果别人的批评是正确的，你就该改进向上；如果批评是不公正的，何不一笑置之呢？也许一开始，你不太能掌握应对批评的对策，你也许会很敏感，也难免会有情绪上的反应，但是你要学习控制自己，因为这种技巧是终生受用的。

快乐的滋味如人饮水，因人而异。能使别人快乐的事物不一定能使你快乐。唯有你自己才知道该如何去追求快乐。可是记住：千万别守株待兔！快乐是只狡猾的兔子，你得努力用心去追寻才能得到！

不幸是天才的踏脚石，是弱者的深渊

吃亏就是占便宜。由此可见，失败也是一种成功。不论在工作中还是在商场上，成功必定属于正视失败的人，因为失败乃成功之母。

世界上的事情都具有双重性，失败也不例外。它固然会引起我们的一些不良情绪，甚至给某些人带来一生的痛苦和不幸。但是，如果我们正确地看待失败，用理智控制情绪，以积极的行为方式和顽强的毅力去适应失败和改变失败引发的不良境遇，那么，我们不仅能够战胜失败，保持身心健康，而且还能够学会驾驭失败、化害为利，从而使我们摆脱幼稚，走向成熟，成为生活的强者。正如法国大文学家巴尔扎克所说："不幸是天才的踏脚石，是弱者的深渊。"

纵观历史，多少出类拔萃者之所以能够出类拔萃，就是因为他们面对失败、面对不幸、面对坎坷时没有束手无策，也没有彷徨无奈。他们或是以非凡的勇气和毅力执着地将目标坚持下去；或是在招致挫折的袭击后，黯然一阵，随即又奋起，成为熠熠闪光的搏击者；或是量力而行，及时地转换目标，从而在适合自己的领域里获得成功。

在学习的过程中，失败在所难免，而跌倒之后，决不能躺在地上不起来。你必须站起来，而且不能空手站起来。无论学到什么东西，就是不能空着手！

此外，每个人在迈向人生的目标途中，难免会跌倒，但绝不是被一座山绊倒，而是一时疏忽，因踩到一块小石头而摔跤。

但是，即使跌倒，也要朝向目标；而且，不管你跌得多痛，也要挣扎起来，继续前进。

我们要培养起这种心态：把跌倒看成是通往目标途中必然的事，而不是一种不幸。

所以不要只顾躺在地上，想着前途茫茫，道路崎岖；也别埋怨不平的路途害你跌倒，或者怀疑有人陷害；更别因为一点儿皮肉之伤而叫痛，别因为跌倒一次就畏缩不前。不要忘记，蹒跚学步的小孩儿，都是经过无数次的跌跤才学会走路的。他们跌得多，爬起得快，也更快学会了走路。他们比那些抚伤痛哭、等待护理的孩子强多了。

每一次都要从跌倒中得到一些启发，从失败中学习制胜的道理。

当你学会如何反败为胜，你就能领悟"失败是成功之母"的道理了。

请听听英国著名女作家克莉斯蒂对失败的理解和感受："我想，一个人也许应该回顾她曾经有过的羞辱和痛苦。然后说：'是的，这曾是我生活中的一部分，但这一部分已经结束了，无须再多想它，面对挫折，我们可以轰轰烈烈地挽回败局，也可以平心静气地战胜痛苦。'失败、落泪、痛苦、羞辱都是人生的一部分，过去了就无须在意，要紧的是快乐地生活，快乐地去寻找机会重新生活。"

是的，面对失败，我们无须太过自责，不管是多大的失败、多深的创伤，过去的毕竟过去了。我们要面对未来、面对生活，所以我们要从失败中吸取教训，总结过去，放眼未来。

美国化学家戴维曾说过："我的最重要的发现，是由失败给我的启发。"这句名言，真的是非常值得人们深思。

失误和失败的教训，能令人警醒。牢记教训，寻求新法，以缩短登上成功之巅的进程。试想，如果我们每位青年朋友都能有戴维的"发现"，做一个有心人，收集一下本行业失败的"病例"，那么我们也许就会变得更加聪明，工作的成功率也会大大提高。

学习这种成功之道，应该向有经验的人请教。这是既快速又经济的途径。不过有经验的人难找，所需要的资料也难求。于是，就必须靠自己努力摸索了。首先，在你自己失败的经验中，也许就有不少宝贵的资料。

伟大的汽车发明奇才吉德林曾说："发明家几乎随时都会失败。"他强调发明家难免失败，是因为他自己便尝试过七千多次的失败。失败在所难免，重要的是从失败中吸取教训，从失败中增长经验。

如果因为失败就觉得无脸见人，不敢再尝试，那么，他注定没有出头的机会。由于碰过几次壁便裹足不前的人，也同样难和成功结上缘。其实，失败并不等于毫无所得，失败能让你知道什么是行不通的；失败的经验越多，知道失败的原因也就越多。屡试屡败之后获得成功的人，不但学到了行不通的道理，同时也学会了行得通的方法。

一个人的兴趣越广泛，心理压力就越小

兴趣是保持良好心理状态的重要条件。一个人的兴趣越广泛，适应能力就越强，心理压力就越小。

比如，同样是从领导岗位上退下来，有人因无所事事而郁郁寡欢，充满了失落感；有人则感到"无官一身轻"，充分利用空闲时间看书、写作、绘画、种花、练书法等。可见，拓宽兴趣有助于人们拥有好心情。

一、读书

书，是人类文化遗产的结晶，是人类智慧的仓库。英国学者培根说过："读书足以怡情，足以博彩，足以长才。其怡情也，最见于独处幽居之时；其博彩也，最见于高谈阔论之中；其长才也，最见于处世判事之际。"于是，世人甚爱读书。

读书的妙用：

1. 增长知识

培根曾经说过："读史使人明智，读诗使人灵秀，数学使人严密，物理学使人深刻，伦理学使人庄重，逻辑学、修辞学使人善辩；凡有学者，皆成性格。"读书，能懂历史，明了世界。于是古人云："两耳不闻窗外事，一心只读圣贤书""秀才不出门，尽知天下事"。

2. 陶冶情操

古人曰："腹有诗书气自华。"知识真正成为心灵的一部分，可以显现出内在的涵养。

3. 调整心情

在适合的时间看适合的书。吃饭的时候，适合看杂志；白天能挤出时间的时候，适合看小说；晚上独自一个人的时候，适合看散文、诗词。喜欢读书，就等于把生活中寂寞的时光换成巨大的享受时刻。

在忙碌而焦躁的生活里，在寂寞的风雨交加的夜里，书籍可以给我们的心灵以温暖和充实。

当你遇到烦恼、忧愁和不快的时候，应首先学会自我解脱。可以去读一读或翻一翻你喜欢的书籍和杂志，分散心思，改变心态，冷静情绪，减少精神痛苦。

4. 寻找高尚的朋友和指引

书可以成为一个忠实的朋友、一个良好的导师、一个可爱的伴侣和一个委婉的安慰者。

雨果曾经说过："各种蠢事，在每天阅读好书的情况下，仿佛烤在火上一样，渐渐熔化。"

心灵是智慧之根，要用知识去浇灌。只有这样，才能在生活中运筹帷幄，决胜千里，才能指挥若定、潇洒自如。如范仲淹"胸中自有十万甲兵"，如诸葛孔明悠然抚琴退强兵。

二、看看童话

当人们的心理状态趋于不平衡时，常常会出现烦躁、紧张、苦闷、愤怒、猜疑、忧郁等情绪。通过阅读童话来调节自身情绪是一种行之有效的方法。

当然，童话能消除人的烦恼、调节人们心理的不平衡，主要是依赖于心理防御机制中的运行机制。毕竟，我们不能一直沉溺在童话所创造的美丽世界中。

童话是为儿童创作的，所以它的内容单纯、质朴、生动、活泼和理想化。当成人们阅读童话时，往往也会被作品中的童心和美好的理想所感染，唤醒童年沉睡的记忆。同时，作品中描写的富有灵性的花鸟鱼虫等各种动物，以及天真可爱的白雪公主、灰姑娘……都在人们的心中引起强烈的美感。这样人们便超越了自己的处境进入了另一个世界中去，心理上的压力被释放了，心情舒畅无比，从而达到了一种心理上的平衡，精神也变得愉快、振作和积极了。当然，有的人再重新回到现实中的时候，似乎感到有碍心理平衡的事物仍然存在，但在此时，人们已经能用一种崭新的心态来对待它了。

此外，童话教会我们用简单的视角来看问题。有时候，我们往往被许多自认为复杂的事情弄乱了手脚，反而看不出简单的道理。

三、听歌

音乐疗法是治疗心理疾病的一种有效方法。古今中外都有音乐能疗疾之说。音乐可以陶冶情操，人可以从音乐中获得力量。听歌不仅是一种美的享受，还能调节人的情绪。当心情沮丧、闷闷不乐时，听听歌曲，不仅可以享受到一种美的艺术，还可以陶冶情操，激发热情，兴奋大脑，使你从中获得生活的力量和勇气。

做生活的主人，做情绪的主人

大多数人都有过受累于情绪的经历。似乎烦恼、压抑、失落甚至痛苦总是接二连三地袭来，于是频频地抱怨生活对自己不公平，企盼某一天欢乐从此降临。其实，喜怒哀是人之常情，想让自己生活中不出现一点儿烦心之事几乎是不可能的，关键是如何有效地调整并控制自己的情绪，做生活的主人，做情绪的主人。

许多人都懂得要做情绪的主人这个道理，但遇到具体问题时却总是逃避，"控制情绪实在是太难了"，言下之意就是"我是无法控制情绪的"。别小看这些自我否定的话，这是一种严重的不良暗示，它真的可以毁灭你的意志，使你丧失战胜自我的决心。还有的人习惯抱怨生活，在"没有人比我更倒霉了，生活对我太不公平"的抱怨声中他得到了片刻的安慰和解脱。"这个问题怪生活而不怪我。"结果却因小失大，让自己在无形中忽略了主宰生活的职责。所以要改变一下身处逆境时的态度，用开放性的语气对自己坚定地说："我一定能走出情绪的低谷，现在就让我来试一试！"这样你的自主性就会被启动，沿着它走下去会是一番崭新的天地，而你会成为自己情绪的主人。

输入自我控制的意识是开始驾驭自己的关键一步。曾经有个初中生，不会控制自己的情绪，常常和同学争吵，老师批评他没有涵养，他还不服气，甚至和老师争执。老师没有动怒而是拿出词典逐字逐句解释给他听，并列举了身边大量的例子。此时，他嘴上没说却早已心悦诚服。从此他有了自我控制的意识，经常提醒自己，主动调整情绪，自觉注意自己的言行。就在这种潜移默化中，他拥有了一个健康而成熟的情绪。

其实调整控制情绪并没有你想象的那么难。只要掌握一些正确的方法，就可以很好地驾驭自己。

下面几种方法你不妨试试。

◇意识调节

人的意识能够调节情绪的发生和强度。一般来说，思想修养水平较高的人，能更有效地调节自己的情绪，因为他们在遇到问题时善于明理与宽容。

◇语言调节

语言是影响人的情绪体验与表现的强有力工具。通过语言可以引起或抑制情绪反应，如林则徐在墙上挂着写有"制怒"二字的条幅，这是用语言来控制与调节情绪的例证。

◇注意转移

把注意力从自己的消极情绪转移到其他方面上去。俄国大文豪屠格涅夫劝告那些刚愎自用、喜欢争吵的人："在发言之前，应把舌头在嘴里转十个圈。"这些劝导对于缓和激动的情绪是非常有益的。

◇行动转移

此法是把情绪转化为行动的力量，即把怒气转变为从事科学、文化、学习、工作、艺术、体育等的力量。

◇释放法

让愤怒者把有意见的、不公平的、义愤的事情坦率地说出来，以消怒气；或者面对沙包猛击几拳，以达到松弛神经的目的。

◇自我控制

人们还可以用自我调控法控制情绪，即按一套特定的程序，以机体的一些随意反应去改善机体的另一些非随意反应，用心理过程来影响生理过程，从而达到松弛神经的效果，以解除紧张和焦虑等不良情绪。

在众多调整情绪的方法中，"情绪转移法"是最为常用且有效的良方之一，即暂时避开不良刺激，把注意力、精力和兴趣投入到另一项活动中去，以减轻不良情绪对自己的冲击。一个高考落榜的朋友，看到同学接到录取通知书时深感失落，但她没有让自己沉浸在这种不良情绪中，而是幽默地告诉好友"我要去避难了"，然后就出门旅游去了。风景如画的大自然深深地吸引了她，辽阔的海洋荡去了她心中的郁闷。情绪平稳了，心胸开阔了，她又以良好的心态走进生活，面对现实。

转移情绪的活动有很多，最好还是根据自己的兴趣爱好以及外界事物对你的吸引力来选择，如参加各种文体活动、与亲朋好友倾心交谈、阅读研究、琴棋书画等。总之将情绪转移到这些事情上来，尽量避免不良情绪的强烈撞击。减少心理创伤，有利于情绪及时得到稳定。

情绪的转移关键是要主动及时，不要让自己在消极情绪中沉溺太久，要立刻行动起来。如此，你会发现自己完全可以战胜情绪，也唯有你可以担此重任。

如何消除愤怒情绪

在日常生活中我们常会看到这样的一些事情：有的人为相互间无意的碰撞闹得脸红脖子粗；有的人为一些鸡毛蒜皮的小事在那里大动肝火，怒气冲冲；有的人为一些无关紧要的纠纷互不相认，争吵怒骂，没完没了……这都是一些缺乏修养、自制力差的人表现出的一种愤怒情绪。

愤怒会变成一种习惯，它是你经历挫折的一种后天性反应。当一个人大发怒火时，他往往只考虑使他发火的这件事，认识范围被发怒的对象所局限，从而不能正确评价自己行动的意义和后果，难以全面考虑问题和慎重权衡利弊得失，容易轻率从事。

三国时，关羽骄傲轻敌，败走麦城，地失身亡。刘备闻之，悲愤不能自制，感情冲动之下，他只知道为二弟报仇，竟然不顾诸葛亮为他制定的"联吴抗魏"的战略方针，亲自率军大举进攻东吴。结果被陆逊"火烧连营七百里"，损兵折将，大败而归。

兵法上的"激将法"，就是指专门想方设法激怒对方，从而使对方犯错误。一个人只要被激怒，当其怒火熊熊燃烧时，就会失去理智和冷静，不能全面考虑问题。

愤怒情绪对人的心理健康没有任何好处。它会破坏愉快乐观的心境，使人陷入连绵不断的不良情绪之中，整天心情烦躁，愤愤不平。愤怒比其他情绪有着更强的感染性和蔓延性，发一次怒，会连续几天心情不好。怒火的滋长，也代表着情绪的失控。一个怒火中烧的人犹如着了火的汽油桶，随时都有爆炸的可能。

从心理学的角度而言，愤怒能使你的爱情破裂，同时也能破坏你与他人之间的感情。生活中，哪里有怒气，哪里就会有争吵和冲突。在人与人的相处中，火气，不但灼伤别人，而且烧痛自己，有百害而无一益。它会使人说出绝情的话，做出无礼的举动，导致人们相互之间感情破裂。有的人一气之下，说出一大堆伤人感情的话，致使多年的友谊和感情遭到破坏；有的人一气之下，感情用事，把本来很小的事情闹大，弄得不好收场。久而久之，这些不断出现的愤怒的情绪就会成为事业上的绊脚石。

像所有的情绪一样，愤怒只是感情的一种。它的出现并不单纯，当你遇到不如意的事情，告诉自己，本来就不应该这样，于是你就有借口对它发怒。只要你认为它是人的个性之一，你就有理由去接纳它，并且把它作为挡箭牌。有人认为，发怒是"勇敢"的行为，是"男子汉"的表现，专爱在区区小事上争勇逞强，同事之间的相处，也容易起冲突。其实在这些小事情上发怒并不是有力量的表现，恰恰相反，发怒不过表现了一个人的软弱无能罢了。一个人不能平心静气地、理智地克服摆在面前的问题和困难，却把精力消耗在徒劳无益的叫骂声中。

当然，你可以对不如意的事情发怒。比如你跟别人约好下午三点整在美术馆门口相见，那么当别人迟到时，你便可以大发脾气，并有权发怒，因为他使你等了半个小时。可是你是否想过，你发怒的目的是什么呢？无非是要他遵约守时，而他迟到半个小时已成事实，没有办法。发怒的唯一收获就是使你眼睛发红、心跳加快。你如果想让他下一回别迟到，那你完全可以通过其他方法，尽管可以把声音提高一些，也根本用不着发怒了。

对别人的行为，你尽可以不喜欢，但你不必为之愤怒。在许多情况下，愤怒不但不能改变对方的一切，反而使对方变本加厉。尽管惹你生气的人会害怕，但他却得出一个结论：他随时能惹你动怒。于是他就一再惹你生气，使你陷入紧张和不安之中。

无论是从生理上还是心理上来说，愤怒都会给你带来情绪上的不快和行为上的惰性。但如果那该死的怒气一旦涌进了你的心头，你就应加以制止或把它发泄掉。下面向你介绍几种制怒和泄怒的方法。

（1）克制。一般来说，怒气在刚产生时是脆弱的、容易控制的。

如果这时不能以理智来抑制怒气，而听凭它自由奔流，后果将是不堪设想的。因此，当我们遇到不愉快的事，感到很气愤时，要特别注意克制自己，防止冲动的发生。比如，当你认为自己受到别人不合理的责备和恶意的诽谤时，要尽量保持冷静，暂时压住心头的怒火。你可以试一试推迟动怒的时间，第一次推迟10秒钟，第二次推迟20秒钟，然后不断地延长动怒的间隔时间。一旦你意识到自己可以推迟动怒，你便学会了控制自己。另一个方法是当你意识到自己的怒火已经升起时，要强迫自己不要讲话。采取静默的方式，熬过了最初的10秒钟，你也许会冷静下来。动怒之时不讲话，确实是缓和情绪、冷却头脑的一个有效方法。

（2）转移。从愤怒情绪发展的规律来看，自我克制越早越好。但一旦动怒，最好的办法就是迅速离开情绪现场，或做别的事情，或自己冷静下来想一想。在怒火中烧时，最好采用"逆情性思维"。逆情性思维是指沿着激情的反向性去考虑问题。假如你要发怒时，把思路从"恨"的方向抽步回头。朝相反的方向想一想，看看自己恨得是否完全对头：对方损害了自己什么？是不是就成了自己不共戴天的仇敌？我对他发火有什么好处？若能朝这几个方向反复考虑，你就能借这种"回头想"的思维把自己从愤怒的指向中拉回来。当你要发怒时，你还可以握住你所"恨"的人的手，直到情绪平静。

（3）提醒。在发怒时要提醒自己，每个人都有自己的不同见解，希望改变对方的观点，只不过是延长你发怒的时间而已，为何不允许他人有自己的选择呢？正如你有你的选择一样，有时光靠自己内在的努力还难以奏效，这时就需要得到外界的提醒和帮助。林则徐每到一地，都要在房间的墙壁上贴上"制怒"二字，目的就是经常提醒自己戒除爱发脾气的毛病。我们应该记住：不要苛求人人都赞同你的意见与行为。

（4）发泄。有时候，怒气膨胀起来，一时控制不住，那就应设法把它发泄出来，但不能伤及他人。你可以找你的知己，尽情地倾诉你的苦衷；你还可以找一个空旷的地方，用力喊出你想要讲的话；或一口气跑上3000米，跑得满头大汗，让你的怒气随汗水一起流走，然后用温水痛痛快快地洗个澡。日本松下电器公司所属的各个企业都设有"出气室"。牢骚满腹的工人，走进"出气室"，尽可拿起木棍，对准安放在那里的象征着经理、老板的橡胶塑像揍个痛快，然后进入"恳谈室"，将心中的不快尽情倾吐。有时把心中的怒气随便地写在纸上，也会使你轻松。比如当你对无聊的会议或者对听讲座感到不耐烦时，在笔记本上胡写乱画，这种动作虽然完全出于无意识，但你也会有"一吐为快"的感觉。

记得一位名叫亚柏拉德的哲学家说过这样的话："火气甚大，容易引起愤怒的烦扰，是一种恶习而使心灵向着那不正当的事情。"脾气不好、容易发怒的人，掌握一些制怒与泄怒的艺术，不无裨益。

紧张时深呼吸，无疑是最好的办法

容易紧张的人，想说话却开不了口，想做事却动不了手脚，如此一来，即使是天上飞来馅饼也吃不到嘴，成功又从何谈起呢？

所谓紧张，就是一个人受到某种压迫威胁时所产生的心理反应，它是自己生理的健康、身体的安全、心理的宁静、事业的成败、自尊的维持等受到干扰和阻碍时的一种心理状态。紧张程度较轻的，往往在处境中可以自我意识到；过度的紧张则是对某一特定的人的威胁所做的强烈反应。

紧张并不全是现代社会的产物。但随着现代社会节奏的加快和竞争的加强，人们在精神上的紧张感也逐步增强。从这个角度说，紧张是一种有效的反应方式，它使人得以应对瞬息万变的社会环境。但是持续的紧张状态会扰乱身体内部的平衡，并带来一系列的行为紊乱，思维、记忆、动作的准确性都会随着紧张程度的增加而降低，从而造成"临场晕眩"或"怯场"现象。例如，初进考场的学生，心怦怦地乱跳，答题时手都颤抖了，有的题目瞪着眼睛硬是没看见，以致错答漏答。缺乏临场经验的运动员会有"赛前热症"，即面临比赛时呼吸和脉搏加快，手脚发颤，上场后动作失调，技能发挥不出来。在一些重大的比赛中，有时连身经百战的运动员也会出现紧张的状态。

紧张的情绪为什么能对人的身体产生这些抑制作用呢？原来，紧张会使脑神经的兴奋和抑制过程失调，出现暂时性不平衡。由于自身抑制力量的降低，所以自我对支配体内器官和产生情绪的神经中枢的调节和控制作用减弱，这时，人就会产生一种难以自制的心慌、不安、激动和烦躁的情绪，从而出现一系列的动作失调和行为紊乱的现象。

经常紧张的人一般具有以下心理特征。一是"自我挫败"。艰苦的工作还未开场，他就先有一种担心和恐惧，似乎失败就在等着自己。二是过多注意别人对自己的评价。总是关心自己在别人心目中的形象，希望得到别人的赞扬，但又担心和怀疑自己能否得到别人的赞扬。越是到人多和陌生的地方，就越觉得不自在，一举一动，都顾虑重重。这样的人，在一些社交活动中，特别是在不熟悉的环境中，容易表现出不自然、怯场，甚至失败。三是过于自卑。对所从事的工作缺乏信心，临场中难以建立起精神优势。另外，还有一种人是由于工作安排过紧而造成的紧张。

根据以上的心理和工作特点，要避免慌乱和紧张的心理状态，我们可以从以下几个方面努力。

（1）通过娱乐调节。在紧张的工作之余，欣赏一下优美抒情的轻音乐或所喜爱的舞曲，既是一种美的享受，又是一种很好的松弛方法，紧张将会在优美悠扬的音乐中得以消除。当然，也可以看电影、跳舞，还可以到花丛中漫步。这也许会使你发现每天不管是下雨还是日晒，不管是春天还是秋天，花园都在不断地变化。这个发现将使你充分体验到自然的神秘和乐趣。这些活动不仅使你肌肉松弛，还能使你的精神得到放松。

（2）通过睡眠调节。夜里长时间的睡眠对紧张的调节自然很好。但午休一小时，也应尽可能睡好。倚靠在椅子上，全身放松，闭上双眼，一动不动地坐一会儿，很快就进入了梦乡。只要你有了这种训练，今后在电车上或在茶馆里，即使5分钟或10分钟都能入睡。睡醒后再尽量伸伸胳膊，效果更为明显。

（3）安排适当的工作量。一般来说，没有经验的新手，进入某项工作时，常常用过高的标准要求自己，不但造成精神压力，而且因为难以达到，会给自己带来过多的紧张。工作的低效率和心情的高度紧张相互作用、相互扩展，还会形成恶性循环。如果你能意识到自己所从事的工作仅仅是开始，掌握的知识和技能也是初步的，紧张程度缓解了，效率反而会提高。假如你在工作中遇到必须完成的紧急任务，你也不要紧张，否则会乱了方寸。你首先应稳住自己的情绪，使心情平静下来。相信自己的力量，要对情境和任务做出冷静的分析，并订出必要的行动计划。这时你还可以做到松弛性的自我暗示：事情再难、再急，也必须一步一步地去做，焦急是无济于事的，天塌下来也要顶住，相信自己一定能闯过难关，完成任务。

（4）通过幽默来缓和紧张。在许多初次见面的场合中，由于紧张导致一些不自然倒是情有可原。假如你确实很紧张，你不妨说出自己的感受，嘲笑一下自己，也可以缓和自己的紧张情绪。

（5）做好临场前的准备。如果你意识到自己容易紧张，在临场前，你最好有意识地进行多次预演。比如你将要登台演讲，不妨把墙壁和空椅子当作听众，试着讲几次，使语言流畅，临场时情绪稳定。临场前有足够的准备，可以帮助你树立信心。

假如你已经产生了紧张的情绪，希望用最快的办法把它消除。这时你闭目片刻，做深呼吸，无疑是最好的办法。

第二章

绝不拖延，用行动
改变一切

不要给自己留退路，说什么"以后还有机会""时间还比较充裕"。在制订好计划以后你就没有了后路，唯一的选择就是立即行动。立即行动，使你保持较高的热情和斗志，能够提高办事效率。拖延只会消耗你的热情和斗志。成功者必是立即行动者。对于他们来讲，时间就是生命，时间就是效率，时间就是金钱，拖延一分钟，就浪费一分钟。

行动是掌控人生命运的法则

人生中真的不是没有机会，我们也真的能掌控自己的命运，关键是要积极主动：积极的思想、主动的行动。

索尼原来只是一家小公司，但盛田昭夫在科学杂志上看到贝尔实验室发明了晶体管后，第一时间就去美国买下了专利。你们估计一下用了多少钱？答案是改变了整个世界的专利只用了2.5万美元。因为当时全世界都还没有认识到晶体管的重要性，而盛田昭夫却敏锐地发现了机会，并主动出击抓住了机会。

当时的电子管收音机体积都很庞大，像一张小桌子。盛田昭夫利用晶体管很快就生产出了一批小型收音机。它的口号是：能装在口袋里的收音机。其实，当时他生产的收音机比口袋还要稍大一点，于是他将每位推销员的衣服口袋都做大了一些，让他们装在口袋里去推销，结果晶体管的这项专利当年就为他盈利250万美元，索尼从此开始成为世界级的大公司。

比尔·盖茨的微软公司开始也只是一间小公司，完全无法与IBM竞争，但他懂得"不够实力成为竞争对手时，就先成为朋友"的法则，主动靠近IBM，积极争取IBM的订单，并最终取得了成功。微软公司正是借助于IBM的力量才强大起来，而IBM数年后才反省到他们的自杀行为。

很多人总在说自己的机会不好，其实你没有积极的思想、主动的行动，即使有好机会你也不会知道，仍然会错过。就像马克·吐温所说："我往往是在机会离去时，才明白这是机会。"

以前有位学员曾对我说："老师，我每次上班出门坐电梯，都碰到一位小姐，她与我住在同一幢楼。一个人坐电梯怪闷的，我很想跟她打招呼，但又怕她不理我，自讨没趣。"

在班上，我把这作为任务交给了这位学员。

第二天这位学员继续讲他的故事。

"我坐电梯又遇见她，这次我想一定要跟她打招呼。可她板着脸，一副冷冰冰的模样，我又害怕了，但我想就把这作为一次试验吧！于是硬着头皮与她打了个招呼。岂料她马上回应了，原来她也很想跟我打招呼，只是怕我拒绝她罢了。"

其实每个人都渴望友谊，别人总是表现出不友好的原因或许只是出于他担心你、害怕你拒绝他。所以采取主动精神，不要等待他人发出建立友谊的信号，而应自己先做出第一步行动，这样也许你会看到对方也开始变得热情了。

克服别人将会"冷落"你的恐惧感，冒一次风险，为了证明他是友好的，打一个赌。虽然你不可能每次都赢，但伸出友谊之手，虽被别人拒绝，却并不可耻，反而更彰显出你的潇洒、大度。

在联合国的一次会议上，周总理主动向当时的美国国务卿杜勒斯伸出了友谊之手，但杜勒斯傲慢地拒绝了。

这是谁的耻辱呢？当然是杜勒斯的耻辱，因为他拒绝了一只和平之手。

一次我回内地和一位朋友上街，路过他女朋友家时，他邀请我一起上去坐坐。坐着聊了没有多久，他女朋友就对他说："我们分手吧，我已提过了多次，我是认真的，我已下了分手的决心。"

　　我当时听到这句话感到很气愤，这样的话怎么能当着外人的面说呢。我想如果是我遇到这种情况，我一定会说："哼！你有什么了不起，分手就分手。"

　　可我这位朋友却是这样说的："既然你决定分手，我也不能强求，但只请你记住一点，我是真的爱过你！这种爱并不因为你的拒绝而减弱。"

　　听了他的话，回去时我对他说："我们认识十几年了，我还没有发现原来你是那么伟大、那么潇洒！"

　　要建立广泛的人脉，就要主动出击，克服别人将会拒绝你的恐惧感。

　　要用一种积极的思想面对人生，并在行动上永远主动出击。思想上积极，行动上主动，这就是掌控人生命运的法则。

每件事情都要做计划，并且形成习惯

　　西班牙的智慧大师巴尔塔沙·葛拉西安曾告诫我们：做任何事情都不要太匆忙，忙乱中容易出差错；也不要太轻率大意，不要急于表态或发表意见。

　　在工作中，有很多人总是低头做事，他们匆忙如大自然中的蚂蚁，却没有多少实质的收获。草率行事，冒冒失失是他们最好的写照！

　　冒失，是一种轻率的表现，是指对任何事情都不能深思熟虑，只凭一时冲动匆忙做出决定，不计后果地鲁莽草率。冒失的人懒于思考，轻举妄动，为了迅速摆脱由动机斗争带来的内心痛苦和紧张情绪，他们不考虑主客观条件和后果就贸然抉择，草率行事；他们生活节奏快，做事匆忙，往往一件事未干完又去做另一件事，或几件事一起干。

有些人认为做事不匆忙是一件很容易的事情，只需要做事时注意一下就行了。其实一个人做事不慌不忙是一种习惯，你会发现一个做事匆忙的人做所有的事情都是冒冒失失的，他们是凭着自己的直觉在做事。要想改变做事匆忙的缺点，首先就要在做每一件事情时都制订计划和目标，并且形成习惯。

举一个营销工作中的实例：新品上市初期，开拓市场寻找经销商是一件非常重要的工作，但面对一个陌生的城市和市场，你会怎么办呢？你是下车后匆忙地四处走街串巷，还是通过调查后，制订拜访计划及合理路线呢？

每个城市都有几百个经销商，不可能每个客户都去拜访。经验丰富的营销人员会挑选客户中 20% 有意向、有销售网络及实力的经销商进行重点拜访，用 80% 的时间和这 20% 的重点客户沟通。

同时，为了不放弃那些潜在经销商、经营相关产品的小经销商，只需要简单地散发新品招商资料就可以了。

不管从事什么工作，事先的调查和分析都会有助于你找到实现目标的最佳方案。好的钟表行走十分规律，不快也不慢；有智慧的人做事决不匆忙，也不拖沓、不莽撞、不踌躇，他做事总是有条不紊，不慌不忙，没有积压，决不拖延。

做事有计划的人不是一有想法就马上去做，等发现偏差再去调整，而是一开始就想好怎么做，把所有事情都想好，理清。因为没有时间而赶着把事情做完的人，通常事后要花更多的时间把第一次没做好的事情做好。如果真的没有时间把每件事都做好做完，那就把最重要的事做完。

不要匆忙急促，有些事情必须问清楚、弄明白。凡事预则立，不预则废。一个人只有知道如何安排工作，制定一个高明的工作进度表，才能高效率地办事，才能在短期内出色地完成老板交付的工作。

正如一位成功的职场人士所说："你应该在每一天的早上制订一下当天的工作计划，仅仅 5 分钟的思考就能使你一天的工作显得非常有效率。"

真正快乐的人，是那些挣脱了拖延枷锁的人

在几年前一个新年伊始的日子里，我曾经下定决心，不再做一个办事拖拉的人。这可以说是我曾设法坚持下来的最有成效的一项新年决定了。之前，我被认定是个懒散成性的人，讨厌做决定，回避那些使我困扰的、不愉快的任务。一个压力或者一项业务愈是变得迫在眉睫，我就愈发不肯正视它。最终，我被这些拖欠下来的事置于危险之中。

我的一个朋友只说了几句话，便使我认清了自己的症结所在。他说："你好像觉得，你的这种拖拉作风是你固有的个性，或者也许是一种不可救药的毛病，实际上并不是这样，这只是一种坏习惯。正如别的习惯一样，它也同样可以被克服掉。你最好还是在这个恶习把你摧垮之前就把它除掉吧。"

这番警告使我震惊。我决心着手解决这个问题，直到彻底战胜

它为止。在这个过程中，我摸索到了下列行动纲领。这些条条也许对其他有拖拉症的人会有益。不要把拖延看成是一种无所谓的耽搁。一个企业家可能因为没能及时做出关键性的决定而遭到失败。有时候，由于做妻子的懒得及时洗碗铺床，也会造成一桩婚姻的瓦解。延误了看病的时间，会给人的生命带来无法挽回的影响。拖拖拉拉这个坏习惯不是无伤大局的，它是个能使你的抱负落空、破坏你的幸福，甚至夺去你的生命的恶棍。

找出使你习惯拖延的一个具体方面，然后去征服它。人们常常邀请我做报告，虽然我明知不能接受，但又不愿驳人家的面子，于是我往往迟而不决。一直到时间已经太晚了，再食言已是不可能了，才去履约。当我终于在这方面迫使自己迅速地做出决断后，我觉得自己变得快活多了，而且和我打交道的人也快活了。如果你能像我这样突破拖拉作风对你生活某一方面的束缚，那么一种得到解脱和成功的感觉将会帮助你在其他方面去战胜它。

学会安排事项的先后次序，然后在一个时期内集中解决一个问题。杂乱无章和拖延总是连在一起的，因为二者可以说是相辅相成的。如果一个人的桌面上摊着十件待处理的公事，那么单单是决定从何下手就要颇费一番工夫。一个家庭主妇面对十来样积留的杂活，往往会感到无精打采，于是，宁愿去看电视剧，也不想干活。然而，没有哪两项任务或业务会是同等重要的。在我拖沓的时候，我发现自己总是随意挑一件事干，或者干些次要的事，而常常忽略了那些重要的事项。现在我再也不会那样做了，因为我已经学会了安排事务的轻重缓急。

我做到这一点，主要是通过随时随地给自己写字条，记下第二天打算办的事。每天晚上把所有第二天该干的事一一列在纸上，并按它们的重要性依次排列。这样，第二天我就可以按部就班地处理它们。每当做完一件事，我就高兴地在纸上划掉一项。

这个经验看起来也许是最简单不过的，但是在完成一件事之后，再着手处理另一件事，所为你节省的时间和精力却是惊人的。不过你必须下很大的决心，不让自己在不知不觉中精神涣散。有时候，我不得不这样苛刻地要求自己："你要想坐在那把椅子上，就得先完成手头这项工作。"

一旦你的理智接受了这条戒律，你就会得到所需的能量。总而言之，集中优势是必要的。有一天，我在火车站观察到一位坐在问询台后的服务员被拥挤的人群团团围住，喧闹、查问声不绝于耳。而他却不慌不忙地认定一个人，然后目不斜视地盯着他看，慢条斯理、仔仔细细地回答那个人所提出的问题。他从来不转移自己的视线，也从来不因其他的人分散一丝一毫的注意力。直到回答完一个人的问题之后，他才又选定下一位提问的人。当轮到我的时候，我不禁夸赞他的泰然自若和精力集中。他笑着说："我已经学会了一次只能集中应对一个人，盯住他的问题不放，直到处理完毕为止。否则，我会发疯的。"

这些做法终将彻底改变我们的处世态度。我终于认识到，成就的报酬远比迁就自己的报酬要令人愉快得多。

真正快乐的人是那些挣脱了拖延的枷锁，在完成手头的工作后感到满足的人。他们是充满渴望、热情和创造性的人。

只有行动，才能缩短自己与目标之间的距离

做得好就是行动。我们从许多杰出的成功者身上都可以找到某些成功的偶然性，但因为他们每个人都能做得好，又体现了成功的必然性。如果他们没有付出比常人多几千倍、几万倍的行动，是不可能取得一个又一个的成功的。

爱迪生 75 岁时，依然每天准时到实验室里签到上班。有个记者问他："你打算什么时候退休？"爱迪生装出一副十分为难的样子说："糟糕，这个问题我活到现在还没来得及考虑呢！"

爱迪生活了 84 岁，一生的发明有 1100 多项。对自己成功的原因，他曾这么说："有些人以为我在许多事情上有成就是因为我有什么'天才'，这是不正确的。无论哪个头脑清楚的人，只要他肯努力行动，都能像我一样有成就。"爱迪生的名言是："天才是百分之一的灵感加百分之九十九的汗水。"

汗水就是行动，行动就是努力。在任何一个领域里，不努力去行动的人都不会获得成功。就连凶猛的老虎要想捕捉一只弱小的兔子，也必须全力以赴地去行动，不行动、不努力就捕捉不到兔子。

世界著名的大提琴手巴布罗·卡沙斯在取得举世公认的艺术家头衔之后，依然每天坚持练琴 6 小时，养成了"行动再行动"的良好习惯。有人问他为什么还要练琴，他的回答很简单："我觉得我仍在进步。"一个成功者想继续成功就得这么做，因为世上的事物没有绝对的成功，只有不断地努力，才能有不断地进步。成功是没有终点

的，就像旅行的过程，必须一站一站地往前走，一旦停在原地，不再去努力，不再全力付诸行动，成功的列车就会把你甩得远远的。

传说有个技艺高超的匠人，曾给老板建造过不少质量好、风格别致的房屋。他退休时，老板舍不得他走，问他是否愿意在退休前再最后建造一幢房屋。老匠人答应了。可不久大家都发现老匠人的心已经不在工作上了，手艺也变得拙劣了。老匠人完工后，老板把大门钥匙交给了他，并说："现在这是你的房子，是我送给你的礼物。"这对老匠人来说是多大的震惊，多大的羞愧！如果他当时知道他是在给自己建造房屋，他会干得完全不一样。而现在，他将不得不住在自己马马虎虎建造起来的房子里。我们有些人何尝不是这样？漫不经心地做事，马马虎虎地工作，不愿付诸行动，不愿竭尽全力，结局和这位老匠人一样，是自己糟践自己。

人人都想成功，为什么有些人总是错过成功的机会？就是因为行动被拖延偷走了。拖延是个专偷行动的"贼"，它在偷窃你的行动时，常常给你构筑一个"舒适区"，让你早上躺在床上不想起来，起床后什么也不想干，能拖到明天的事今天不做，能推给别人的事自己不干，不懂的事不想懂，不会做的事不想学。它让你的思想行动停留在这个"舒适区"里，对任何舒适以外的思想行动都觉得不舒服、不习惯。这个"贼"能偷走人的行动，同时也能偷走人的希望、人的健康、人的成功，它带给人的不良习惯和后果是积重难返的。有的学生遇上难题没有及时问老师，后来问题越来越多，成绩越来越差；有的商人因没能及时做出关键性的决定而痛遭失败；有的病人延误了看病的时间，给生命带来无法挽救的悲剧。

20世纪50年代，廖先生在农村教书时，学校不远处有一排窑洞，有个姓马的老汉就住在窑洞里，他喜欢靠在窑洞门口晒太阳。有人指着他的破窑洞说："你的窑洞该修了。"马老汉说："我打算明年春上修。"第二年春上他仍然懒洋洋地靠在窑洞门口晒太阳。有人又对他说："你窑洞顶上裂了缝，快修吧！"马老汉又说："等麦收了一定修。"麦收了他又改变了主意，又想等收了秋田再动工。秋田收了，他仍没有动工修窑洞的意思。人算不如天算，结果一场大雨，窑洞倒塌了，马老汉被活活地埋在了废墟里。

拖延这个"贼"虽然能偷走行动，但是积极的行动也能制服这个"贼"。最好是在这个"贼"没有把你偷走之前，就采取行动逮住它。

当你准备做一件事时，这个"贼"会对你说："明天再干吧！"这时，你要马上提醒自己："今天能做的事，决不能拖到明天。因为这个明天遥遥无期，会变成明天的明天，永远不会来临。"

当你面临困难和挫折时，这个"贼"会找出许多理由让你停下来。这时，你要马上提醒自己："成功不会等待任何人，我如果犹豫不决，她就会被许配给别人，永远弃我而去。"

当别人埋头苦干时，这个"贼"会引诱你袖手旁观，吹毛求疵。这时，你要提醒自己："立即行动，马上动手，决不用评说别人来掩饰自己的无所作为。"

奥曼是美国一位成功的作家，他常常告诫自己："我要采取行动，我要采取行动……从今以后，我要一遍又一遍、每一小时、每一天都要重复这句话。有了这句话，我就能够实现我成功的每一个行动；有了这句话，我就能够制约我的精神，迎接失败者躲避的每一次挑战。"

一个人想奔向自己的目标，追求自己的成功，就应该立即行动。"立即行动"，是自我激励的警句，是自我发动的信号。它能使你勇敢地驱走拖延这个"贼"，帮你抓住宝贵的时间去做你不想做而又必须做的事。

世上没有任何事情比下决心、立即行动更为重要、更有效果。因为人的一生可以有所作为的时机只有一次，那就是现在。

"说一尺不如行一寸"。任何希望任何计划最终必然要落实到行动上。只有行动才能缩短自己与目标之间的距离，只有行动才能把理想变为现实。做好每件事，既要心动，更要行动。如果只会感动羡慕，不去流汗行动，那么成功就是一句空话。

哲人说："想得好是聪明，计划得好更聪明，做得好既最聪明又最好。"

干脆利落的办事风格

一个办事风格十分干脆利落的人，办事的效率也高。做事的速度快，不仅有利于自己事业的成功，也可以为自己赢得做更多事的时间，而且极易得到别人的信任和欣赏。美国外交家伊莲娜就是以干脆利落的办事风格谱写了她丰富多彩的人生。

美国外交界的伊莲娜·杜勒斯是个非常受人尊敬的人。她曾经亲身经历过很多重大的历史事件，是一位个性爽朗、乐观的女强人。

伊莲娜既爱读书，又会做事，社会活动能力也很强。她从宾州著名的女校彭玛学院毕业后，正好赶上了第一次世界大战结束。于是她远赴法国从事难民救济与复原工作，然后又回到彭玛学院进修，获得劳工与工业经济学硕士学位。

　　在二十世纪二三十年代，妇女找工作非常不容易，有知识的女性更难找到合适的工作。尽管她是纽约州的名门之后，但是"杜勒斯"之姓对她却毫无影响。她以硕士学位在康州一家工厂管理一部打卡印刷机，又在纽约皇后区长岛市一间工厂担任发放薪水的小职员。伊莲娜是个非常上进的人，她不甘心自己一辈子就只看管一部印刷机和当一个小小的职员，平淡地度过这一生。于是她在存了一笔钱之后，就跑到有名的伦敦政经学院留学。她最得意的经历就是在就读期间，一个人成功地调查了 75 家英国工厂的经营方式，写出了令教授和同学都十分赞赏的论文。她回到美国后在哈佛大学又拿了硕士和博士的学位。20 世纪 30 年代，伊莲娜执教于巴黎、日内瓦、波士顿、费城和母校彭玛学院，同时也没有停止自己的写作事业。伊莲娜一生共写了 14 本书，其中以外交、经济为主，也有回忆录，90 岁那年还出版了一部哲理推理小说。

　　伊莲娜具有非常强的主见，颇为独立，不会依附着别人做任何事。30 岁的时候她与一位在约翰·霍普金斯大学任教的语言学家相恋，但这位教授是个虔诚的正统犹太教教徒，而伊莲娜则是"白种盎格鲁撒克逊新教徒"，父亲又是长老会牧师，因此全家人对犹太人无甚好感，自然反对伊莲娜与犹太语言学家交往。敢爱敢恨的伊莲娜不顾家里的反对，坚持自己找到的另一半。1932 年伊莲娜和语言学家结婚，未料两年后这位语言学家却自杀死亡，留下一子一女。伊莲娜从此开始了 62 载的孀居生活。

　　伊莲娜虽然在婚姻上不是十分成功，但是之后在事业上却非常有成就，她终于找到了自己真正想要走的路，那就是担任公职。事实上，献身于"公职"，为政府做事、为国家服务，乃是杜勒斯家族的传统。伊莲娜于 1963 年开始担任公务员，首先在社会安全署当财务研究主任。后来转到国务院，亲手策划 1944 年在新罕布什尔州布莱登森林举行的国际货币会议。之后又担任了美国驻维也纳大使馆的财经参事，协助救济奥地利难民，出任国务院德国事务局局长特别助理。为减少西德失业人口并增加生产做了许多工作，她不仅主持柏林工作，而且积极投入西德的战后复兴，拨出十亿美元为西德兴建国会大厦、医院和学校。她对德国所做的一切，使德国上下非常感激。德国人民尊敬她、热爱她，热情地称她为"柏林之母"，又把国会大厦称为"杜勒斯大楼"。

1960 年 11 月大选，民主党的甘乃迪险胜尼克森。甘乃迪的上台预示了杜勒斯家族的没落。中情局在 1961 年 4 月秘密主导古巴流亡分子登陆古巴诸湾，企图推翻卡斯特罗政权，结果惨败。甘乃迪总统灰头土脸，要求中情局局长艾伦·杜勒斯下台。甘乃迪疯狂地挤退了艾伦之后，也想逼走伊莲娜。据说对杜勒斯家族赶尽杀绝的幕后黑手就是甘乃迪总统的弟弟司法部长罗伯特。1961 年 9 月的一个上午，国务卿鲁斯克亲口告诉她："白宫要我把你赶走。"伊莲娜并没有害怕，而是抗议道："干脆调我到欧洲去好了。"鲁斯克说："那也不行，甘家兄弟就是要你离开外交界"。于是，67 岁的伊莲娜被炒鱿鱼了，她成为当时政治下的牺牲品。

但是，伊莲娜是个非常富有战斗意志的人。她虽然伤心，却没有一蹶不振。不灰心的她继续做研究，不断地写书，在各大学兼课和演讲使她并不感到寂寞，反而是经常埋怨时间不够用。90 岁以后她的身体不是很好。耳朵和眼睛渐渐地不好使了，她的生活节奏才开始缓慢下来。伊莲娜的一生就像个赶路的旅人。她完全践行了诗人弗罗斯特在《雪夜林畔》一诗中所说的"我得信守诺言，在安睡之前还要赶好几里路"的人生誓言。

伊莲娜的故事告诉我们：做事干净利落，从不拖拉的风格对一个人事业的成功至关重要。要想成功，就要学会干净利落的办事风格。

跨一步，就离成功近一步

查里作为"巴尔的摩驹"足球队的一员，已经使许多年轻人认为他有了个极富魅力的工作，但每年 9750 美元的薪水抚养不了两个孩子和又怀孕的妻子。于是他要求给他加 250 美元薪水，但遭到了拒绝。

查里带着全家回到了老家，那时候他只肯定要自己经商，却没有更明确的具体打算。当一个老朋友邀请他一起买下一个汉堡店时，他采取了断然行动，合伙买下了那家店。于是查里就开始了每天 12 小时翻烤汉堡和伺候那些不耐烦的顾客的工作。此外，每天开始营业前他得擦炉灶、拖地板，真的很辛苦。一个月下来，查里只带回家 471 美元。他是既疲劳又沮丧，但他不愿就此放弃。他用在球场学到的策略，使他的汉堡店提高效率。他要他的伙计待客热情友好，又使他的食品价格合理，让人买得起。就这样，经营日渐红火起来。查里和他的合伙人买下了更多的营业特许店，而他自己还是那么卖力地工作。

如今，查里成了美国最大食品供应公司的首脑，每年有 37 亿的销售额。当年为 250 美元离开了国家足球联盟的查里还当了一个投资集团的首脑。对于这一切，查里说："如果不是刻苦工作并且敢于冒险，是不可能达到现在这个地步的。"

与查里相似，大多数成功者都知道，对成功来说，刻苦地工作和遭到失败而不畏惧，比才干更重要。

在刻苦的同时，你还要依赖你的长处。弗莱德在他那枯燥乏味的病房内盯着一棵圣诞树发呆。手榴弹的碎片炸入了他的左腿，为此，医生定下了把腿切除的日程。

弗莱德毕业于西点军校，他在那里是个棒球队队长，而且计划着以军人为终生职业。可现在看来，退役似乎成了唯一的选择。他知道严重受伤的军人是很少能回去担任有行动的职务的。

手术后，弗莱德最感忧伤的是他完全失去了在棒球场上的勇猛劲头。在每周一次的棒球赛中，他只能用棒击球，而由别人替他跑垒。有一天，当他正等着轮到他击球时，他看见一个队友连摔带滑地去占领了第三垒。当时他想：如果我也去试试跑垒，最多也就像他那样嘛。于是，在将球击出后，他推开了替他跑垒的伙伴。自己忍住疼痛，一瘸一拐地跑了起来，当跑到第一垒和第二垒之间时，他看到对方球员已接到了球并向第二垒扔过去。他闭上眼睛，命令自己头朝前滑入了第二垒。当他听到裁判员喊出"安全"的口令时，他笑了。

几年以后，弗莱德要带领一个中队去一处地形复杂的地方演习。他的上级担心切除了一条小腿的他是否能胜任这项工作，而弗莱德告诉他们说可以，并且说："这甚至可使我与兵士更亲近。如果我的假肢陷在烂泥里了，我会告诉他们，这是由于我没有两条完整的腿。"

如今弗莱德已是个四星级将官了，而且既可以跑步，还能稳稳地骑自行车。他说："失去一腿，教会了我一个道理：受自己缺陷的限制的是可大可小的，取决于你自己如何看待和处理它。关键是应该注意发挥你所具有的长处，而不是老想着你的缺陷。"

同时，找对门路也很重要。当奥里出售他公司的计算机给许多制衣厂商时，看到他们有不少活是靠手工完成的，于是，他创造了"奥里剪裁机"。这机器裁出所需部件只花费手工剪裁 1/8 的时间，并且减少了织物的浪费。接着，他花了好几个月的时间走访服装制造商，试图使他们相信他的机器的价值。但是他总是碰壁。因为谁也不愿意花 50 万美元买一台机器，来做用每小时 5 美元的手工就能完成的同样的工作。

奥里决定改变策略。他脑子里把其他所有的顾客都想了一遍，最后停在了汽车制造公司上。他注意到他们还在用很落后的办法剪裁汽车座椅的套子，于是他想："汽车制造厂一定是'奥里剪裁机'的极好用户！"

他终于说服通用汽车公司买一台机器试用。结果在 6 个月之内，通用汽车公司就收回了它的投资，而且订购了第二台。在这段时间里，服装制造公司见到通用汽车公司的例子而有了信心，也订购了剪裁机。

如今，1600 台"奥里剪裁机"已售给世界上 60 多个国家。奥里总结说："雨滴在石头上造成一个洞是靠其坚持性而不是大力气。我只是不断地敲门，直到一个合适的门打开。"

总之，成功者懂得真正的成功不是一开始就可以得到的，而坚持不懈却几乎总是可以达到目的。牢记心头的是：每跨过一个跳栏，距离到达终点的跳栏数就少了一个。

第三章

全力以赴，让梦想
照进现实

在追寻梦想的途中，孤单、寂寞、失败、挫折会在不经意间围绕着你。不要觉得伤心难过，当你有一点点的放弃时，你的竞争对手早已在远方向你抛下一个嘲笑的背影。你要咬着牙告诉自己：就算全世界都不能给予你任何帮助，你也可以坚强地一直走下去！追梦，就要全力以赴，请不要停下你的脚步。

一个人的目标越清晰，他对自己就越有信心

在这个世界上，有成千上万出身低微的人最终取得了巨大的成就。他们或许没有资本，或许也没有太高的学历，但他们的共同优势是拥有梦想，并且相信能够凭借自己的能力实现自己的梦想。由于他们对自己充满信心，并且下定决心去做那些有助于实现梦想的所有事情，于是便激活了所拥有的全部能量。在短短几年中，他们就比他们周围的人取得了更大的成就，实现了自己的梦想。

中国民营汽车第一人李书福就是这样一个敢于给自己描绘目标蓝图的人。1963 年，李书福出生在浙江台州的一个农民家庭。1984年高中毕业后，这个农民的儿子产生了一个生产摩托车的梦想。当时他只有二十一岁，没上过大学，手里只有 1 万元。他的梦想离现实实在是太遥远了。然而，这并没有使他却步。

生产摩托车需要一笔很大的资金，于是他用手中的 1 万块钱租了五间房子，与人合伙办起了一家冰箱厂，五年中他赚了他的第一桶金——200 万元。

二十五岁的李书福觉得，有 200 万元就可以起步了。他跑到当时的国家机械部去申请生产摩托车许可证。当时的国家机关会怎样接待一个二十五岁、心中充满梦想的毛头小伙子是不难想象的。虽然他壮着胆子称自己已有 5000 万元，但是接待人员还是对他充满疑惑。他碰了一鼻子灰，无可奈何地回到台州。

回到家以后，他冷静地想了很久才明白：200 万元资金根本不

够。于是他深入市场，继续寻找挣钱快的行业。他发现镀铝装饰板市场前景广阔，全国只有两个生产厂家，而且质量都不太理想，于是他立即投资干起来。几年下来，年销售额达到2亿多元，国内市场覆盖率更是达到了80%。

资金充裕了，他的摩托车梦又开始活跃起来。可是，生产许可证办不下来，怎能投入生产呢？他日夜思考，怎样突破这一屏障。有一天，他得到一个消息：杭州一家国有摩托车厂快要倒闭了。他心里一动，立刻有了想法，何不利用他们的生产许可证呢？他马上赶到杭州，经过几番艰苦的讨价还价，双方终于达成了合作协议。1992年，李书福的浙江吉利摩托车厂终于成立了。

梦想的实现距他萌生梦想的那一刻仅仅时隔八年。这一年，李书福二十九岁。

八年，他实现了巨大的跨越。这证明了获得成功的一个真理：只要有目标，必然会产生实现目标的办法。因为定下目标以后，巨大无比的潜能会激励他做这件事。

到了1998年，吉利集团的摩托车产量达到35万辆，不但占领了国内市场，还出口到二十二个国家。这时李书福又产生了新的梦想：生产汽车。他看准了一个市场的空当，三四万元的低档轿车没有人生产，而老百姓需要它，因为他们手中只有这么多钱。资金已经不成问题，他已经有26亿元的储备。同生产摩托车一样，障碍来源于生产许可证。他用同样的方法冲破了障碍，与有汽车生产许可证的四川德阳一家汽修厂合作，成立了四川吉利汽车制造有限公司。1999年，他投资5亿元，建立了占地800亩的汽车制造中心，开发家庭用的微型货车和轻型轿车。到2000年底，吉利汽车的日产量达到了 300 台。他的汽车梦又实现了。他在三十多岁的时候再次梦想成真，取得了成功。

和李书福一样，那些功成名就的人几乎毫无例外地都有自己的战略计划。他们全都是目的性极强的人，非常清楚自己想要得到什么，他们有书面计划和事业蓝图，甚至有完成这些计划的日程表和行动步骤，然后每天都按照这些计划行事。

这是现实生活中的例子，在古老的哲学中我们也同样可以找到答案。

有位哲学博士一边在田野中漫步，一边做着哲学的沉思。他忽然发现水田当中新插的秧苗犹如用直尺丈量过一般，排列得非常整齐。他不知如何才能办到这一点，不禁好奇地向正在田中工作的老农询问。老农正忙着插秧，头也不抬地回答：你自己取一把秧苗试试看。博士卷起裤管，喜滋滋地插完一排秧苗，结果竟是参差不齐，不忍观睹。

他再次请教老农，如何能插出一排笔直的秧苗。老农告诉他：在弯腰插秧的同时，眼光要盯住一样东西。朝着那个目标前进，就可以把秧苗插得很漂亮了。博士依言而行，不料这一次插好的秧苗竟成了一道弯曲的弧线，划过半边的水田。

他又虚心地请教老农，农夫不耐烦地问他："你的眼睛是否盯住了一样东西？"

博士答道："是呀，我盯住的是那边吃草的水牛，那可是一个大目标啊！"

老农说："水牛边走边吃草，而秧苗也跟着移动，你应该知道这个弧线是怎么来的了。"

　　博士恍然大悟。这次，他选定的目标是远处的一棵大树，终于成功。

　　成功的果实就如同田里的阡陌。每个人都希望拥有一片排列整齐的漂亮成果，而不是参差不齐、扭曲歪斜的结果。没有大到不能完成的梦想，也没有小到不值得设立的目标。在伟大事业的起点上，懂得确立一个明确的目标绝对是极其重要的。没有明确目标的人生，或目标不断飘移的人生，所得到的成果正如博士起初所插的秧苗一般。只有朝着确切的目标行动，方能有成功致富的希望。

　　所以我们可以得出下面的结论：

　　对追求三十而富的成功者来说，目标就像是指南针。一个人首先要有目标，才能获得事业上的成功，因为目标是人生的起点。没有目标的人，必然没有开创事业的动力。当然，这个目标得是合理的，而且还必须根据情况的变化，不断在发展的过程中合理地做出相应调整。必须放弃固执，才能轻松地走向成功。改变一个人的生活有一个主要方法，就是要有一个明确的目标。明确的目标同积极的心态相结合，就能够成为所有可观的成就的起点。

　　一个人的目标越清晰，他对自己就越有信心；一个人的态度越积极，那种"踏破铁鞋无觅处，得来全不费功夫"的好运降临在他身上的可能性就越大；一个人的目标越明确，他的生活中令人愉悦的事情就越多，从而使他更接近他的目标，也使他的目标更接近他自己。

智商决定录用，情商决定提升

在美国，人们流行一句话："智商（IQ）决定录用，情商（EQ）决定提升。"35 岁以前建立起人际关系网的人成功与否，20% 在于智商（IQ），80% 在于情商（EQ）。美国公布过一份权威调查，显示了近 20 年来美国政界和商界成功人士的平均智商仅在中等，而情商却很高。

20 世纪 90 年代初期，美国耶鲁大学的心理学家彼得·萨洛韦和纽罕布什大学的约翰·迈耶提出了情绪智能、情绪商数的概念。在他们看来，一个人在社会上要获得成功，起主要作用的不是智力因素，而是他们所说的情绪智能，前者占 20%，后者占 80%。1995年，美国哈佛大学心理学教授丹尼尔·戈尔曼提出了"情商"（EQ）的概念，认为"情商"是个体的重要的生存能力，是一种发掘情感潜能、运用情感能力影响各个生活层面和人生未来的关键的品质因素。戈尔曼认为，在影响人成功的要素中，智力因素是重要的，但更为重要的是情感因素。"情商"大致可以概括为五个方面的内容：（1）情绪控制力；（2）自我认识能力，即对自己的感知力；（3）自我激励（自我发展）能力；（4）认知他人的能力；（5）人际交往的能力。

对于成功，智商很重要，但情商更重要。如果到了 35 岁你仍未建立起固定的、层次分明的人际关系网，那你就离成功还有很远的距离。这个人际关系网包括你的亲人、朋友，最低限度包括所有可以互相帮助的人。这些人有的是你的同事，有的受过你的恩惠，有的你倾听过他们的心声，有的是你和他有着相同的爱好等。

曾任美国总统的西奥多·罗斯福曾说："成功的第一要素是懂得如何搞好人际关系。"在美国，曾有人向 2000 多位雇主做过这样一个问卷调查："请查阅贵公司最近解雇的三名员工的资料，然后回答解雇的理由是什么。"结果是无论什么地区、什么行业的雇主，2/3 的答复都是："他们是因为与别人相处不来而被解雇的。"

成就大事业的很多商界人士都意识到了人际关系对一个人成功的重要性。曾任美国某大铁路公司总裁的 A·H. 史密斯说："铁路的 95% 是人，5% 是铁"。美国钢铁大王及成功学大师卡耐基经过长期研究得出结论："专业知识在一个人的成功中的作用只占 15%，而其余的 85% 则取决于人际关系。"所以说，无论你从事什么职业或行业，学会处理人际关系，你就在成功路上走了 85% 的路程，在个人幸福的路上走了 99% 的路程了。无怪乎美国石油大王约翰·D. 洛克菲勒说："我愿意付出比天底下得到其他本领更大的代价去获得与人相处的本领。"

所以，你要想成功，就一定要建立一个适于成功的人际关系网，包括家庭关系和工作关系。

中国有句古话，叫作"家和万事兴"。你与配偶的关系如何，决定了你与子女的关系如何，而家庭关系给我们与别人的关系定下一样的模式。

同样，我们与同事、上司及雇员的关系是我们的事业成败的重要因素。一个没有良好的人际关系的人，即使再有知识，再有技能，那也得不到施展的空间。对此，美国商界曾做过领导能力调查，结果显示：（1）管理人员的时间平均有 3/4 花在处理人际关系上；（2）大部分公司的最大开支是在人力资源上；(3)管理的所定计划能否执行与执行成败，关键在于人。

人际关系网并不是一朝一夕就能建立起来的，它需要几年、十几年、甚至一辈子的时间。但是如果你想在35岁以前成功，在35岁以后获得更大的成功，就尽早建立自己的关系网吧！因为成功的第一要素是懂得如何搞好人际关系。

维系人与人之间的情谊，重要的不是技巧而是诚信

前文中提到"智商(IQ)决定录用，情商(EQ)决定提升"，所以，搞好人际关系就显得十分重要了。人们常说一个人成功与否，可以从交际面的大小反映出来。人们还说搞好人际关系是每一个渴望成功的人都要认真面对的问题。既然这样，我们应如何搞好人际关系呢？

关于搞好人际关系的问题，有位哲人说过："缺乏诚信根基，则交往难以保持长久；而缺乏交往技巧，则难以彰显诚信的功用。"所以，搞好人际关系，我们应这样做：在诚信的基础上，交往要讲究一些技巧，以便营造更加和谐的人际关系。

1. 诚信基础

我们每个人都需要有良好的人际关系，那么怎样才能建立良好的人际关系呢？良好的人际关系应该建立在什么样的基础上呢？

我觉得长久的成功的人际关系应该建立在诚信的基础上。诚信既是人际交往的基本原则，也是人际交往的根本。值得信赖是赢得普遍尊重和信任的通行证。维系人与人之间的情谊，重要的不是技

巧而是诚信。

我国正处在经济转型期，市场运作尚不够规范，商业交往缺乏诚信。但是，随着我国加入世界贸易组织以及市场经济体制的逐步建立，诚信显得越来越重要，人们也越来越重视诚信。那些缺乏诚信的企业也为此付出了代价，如三株集团、南德集团、飞龙集团等企业，都曾盛极一时，但都不曾长久。这里面固然有管理不当等诸多因素的作用，但我认为最根本的原因在于缺乏诚信。企业欺骗公众，而后是内部员工欺骗公司，最终导致败落，付出惨重代价。缺乏诚信也给我国的经济带来巨大损失。著名经济学家茅于轼指出：由于诚信水平不足，仅此一项，每年就会给我国带来上千亿元的经济损失。

维系人与人之间的情谊，重要的不是技巧而是诚信。全国人大代表、福建金鹿集团董事长张华安指出："信用和信誉在市场经济中具有真金白银、实实在在的经济价值。""诚信是一个企业的生存之根，根基不牢，树倒房摇。""失去了诚信，不是几年就能补偿回来的，也许一辈子都没办法再翻本！"正是因为坚持诚信原则，所以他的企业能够 20 年不倒，蓬勃发展，而同一时期的许多企业则早已不见了踪影。

约翰逊公司是美国一家声誉很高的公司，但在 20 世纪 80 年代初期，它却遇到了很大的麻烦。该公司的拳头产品泰米诺尔胶丸在芝加哥被人用作杀人工具。凶手把泰米诺尔胶囊中的对乙酰氨基酚粉剂换成氰化物，装瓶后再把它放回药店的货架上出售。服用这种有毒药丸而死去的人已达 7 人。泰米诺尔胶丸随即遭到了灭顶之灾：从美国的东海岸到西海岸，从南到北，人们都相互告知不要服用这种产品，已买的产品要将其扔到垃圾桶里去。虽然产品本身并没有什么问题，但人们已经对它产生了恐惧心理和不良印象。市场调查表明，每 10 个过去使用强力泰米诺尔胶丸的人中至少有 6 个人说他们以后将不再用这种药了。

　　该如何处理已上市的大量产品呢？又该如何赢得用户的信任和理解呢？

　　联邦调查局建议不要全部收回产品，而只收回芝加哥地区的产品就可以了。他们认为如果收回全部产品耗资过多，损失太大，并有可能引起其他不测。但是公司的总裁吉姆·伯克却毅然决定全部收回产品。他认为公司只有不顾血本，尽一切力量来表明自己对消费者的坦诚和关心，才能赢得他们的信任和理解。并且他亲自站在采访者和摄像机面前，直接面对愤怒的公众和指责者。

　　在发生第一批有人中毒死亡之后的几天里，电视网用 20% 的播放时间报道有关泰米诺尔胶囊的消息。同时，电视上吉姆·伯克在那里发表意见，回答问题。

　　他为泰米诺尔胶囊所发表讲话的核心，是以诚心寻求信任、合作和谅解。他对公众说："一个拥有 60 亿美元资产的跨国公司，就像一个孩子多、负债重的贫困家庭。""它希望用自己的真心来换取大家的真心。""现在我们同坐在一只小筏上，随波逐流，面临同样险恶而孤立无援的境地，我们应当同舟共济，共渡难关。"这些朴实、浅显的讲话，令听众觉得温馨和感动。

　　伯克的坦诚不仅保住了泰米诺尔这块牌子，维护了公司的形象，更赢得了公众的好感，使他们认识到约翰逊公司并不是一个不顾生命、唯利是图的公司，而是一个值得信赖和尊重的公司。伯克也让他自己意外地从新闻界的闪电战中脱颖而出，成为一名勇于承担责任的英雄。

到 1985 年 1 月，泰米诺尔胶丸的销售份额不仅已经升到事发前的水平，而且还超出 50％。而约翰逊公司的总裁吉姆·伯克也被人们视为创造奇迹的英雄。

"专业知识在一个人成功的作用中只占 15％，而其余的 85％ 则取决于人际关系。"可见，商业交往中的诚信给企业带来了难以估量的价值。而商业交往是人际交往的集体形式，个体交往中的诚信有时甚至能够带来生命的价值。

公元前 4 世纪，意大利一个名叫皮斯阿司的年轻人触犯了暴君奥尼索司，被判处绞刑。皮斯阿司身为孝子，请求回家与老父老母诀别，再回来受刑，可始终得不到暴君的同意。就在这时，他的朋友达蒙挺身而出为他担保，并表示：皮斯阿司如果不能如期回来服刑，自己愿意代他受刑。这样，暴君才勉强应允。

临刑之期日渐临近，皮斯阿司却杳无踪迹。人们都嘲笑达蒙：傻到竟然用生命来担保友情！达蒙被带上了绞刑架，准备受刑。人们都默默地注视着这即将发生的悲剧性的一幕。就在这时，远方出现了皮斯阿司的身影。他在暴雨中飞奔而来，并高喊："我回来了！"既而热泪盈眶地拥抱达蒙，做最后的诀别。这时，所有的人都在拭泪。受到感动的暴君出奇地特赦了皮斯阿司，并表示：愿意倾其所有来结交这样的朋友。

所以，诚信是交往的基础，是做人的根本。现在很多人都把交往的关注点集中在交往的技巧方面。我认为，这是舍本逐末、缘木求鱼，难以达到搞好人际关系的效果。诚信不足，虽技巧高超，终究不过是得一时之逞，难以保持长久的友谊。而以诚信为本，虽交往技巧不足，也可以交到真心朋友。

对人要诚信。如果你到了 35 岁仍未能建立起坚如磐石的忠诚信誉，那么这一缺点将会困扰你一生。不忠诚的恶名必然会使你在事业上处处不受欢迎。你不是靠暗箭伤人爬到事业的顶峰，而是靠在早期树立起来的真诚刚直和不可动摇的声誉。35 岁以前，忠诚只是投资；35 岁以后，你会作为一个可以信赖的人收到忠诚的回报。

2. 交往技巧

1）认真了解别人

没有什么能比关心别人更让人感动的了，而关心别人的前提，是先要了解别人。这是一种交往的需要，但在这样的做时候，也会发展成一种能力。据说，周恩来总理接见过一个人后，不管过多长时间，再次见面都能叫出对方的名字。这使对方既惊讶，又佩服、又感动。

历史上最好的例子是拿破仑·波拿巴与下属的关系。拿破仑能叫出手下全部军官的名字。他喜欢在军营中走动，遇见某个军官时，就叫出他的名字跟他打招呼，谈论这名军官参与过的某场战斗或军事调动。他经常询问士兵的家乡、妻子和家庭情况。拿破仑的做法让属下感到吃惊：他们的皇帝竟然对他们的情况知道得一清二楚。这种做法，让每个军官都能从拿破仑的谈话中感到他对自己的在意，也使他们对拿破仑忠心耿耿，甘愿效劳。

2）真诚关心别人

让人感到温暖的，就是让人知道你在真正关心他们。没有什么比关心别人更能让人感动的了。但关心别人要出自真诚，否则会给人以假惺惺的感觉。同时，关心别人要以尊重对方的隐私为基础，以免使对方难为情，或者让对方感觉到你是在干涉，或意在探听对方的隐私。

奉承是永不过时的交往艺术，但是赞美别人要发自真心。让对方感觉自己很重要。

体现自己的重要性，渴望得到尊重，是人的高层次的心理需要。如果你能满足别人的这种渴望，他们就会以积极的态度来回应，从而形成良性互动。

使别人感到自己的重要性，反过来别人也会使你感到自己的重要性。因为，在大多数情况下，你怎样对待别人，别人就会怎样对待你；你尊重别人，别人就会尊重你。

3）赞美别人

奉承是永不过时的交往艺术。就像渴望得到别人的尊重一样，得到赞美也是令人心情愉快的事情。所以，你在与人交往时，一定不要吝啬你的赞美。赞美是赢得对方好感的一种好办法。

但是，赞美别人一定要注意分寸，要恰如其分地表现他们身上最好的东西。最差劲的人身上也有优点。你要注意从别人身上寻找这种优点，并及时地予以赞美，相信你会得到意外的收获。

4）让别人感觉你对他们有用

人们的好感会自然地流向能给他们带来利益的人。就像你希望能结交对你的成长有益的人一样，你也要让对方感觉与你交往对他们的进步有益。这样才能使你们的关系具有建设性。

这种帮助无论是物质层面还是精神层面，都是必需的。但就交往程度来讲，精神层面显然比物质层面要深一层，而且更有效果，比如见面时带去一些新的信息，交换一些看法，带去一些业务机会等。只要有助于他们达到自己的目标，就会受到欢迎。

5）要言而有信

言而有信，不仅是交往的基本要求，也是做人的基本要求。中国古人就特别强调这一点，并从做人的高度来理解这一问题。孔子曰："人无信不立。"人如果没有信用，是立不起家庭的门框的，即人很难立于人世间的。

在交往中，没有什么会比失信更迅速地破坏相互关系的了。失信不仅有损友谊，也会破坏生意上的关系。一个商业上没有信誉的人，是没有人愿意与你打交道的。

6）始终保持微笑

世界上最伟大的推销员乔·吉拉德曾说："当你笑时，整个世界都在笑。一脸苦相没人理睬你。"从现在起，直到生命的最后一刻，你就用心笑吧。

原一平在日本被称为"推销之神"。他在1949—1963年始终保持全国寿险业绩第一。其实，他身高只有1.53米，而且其貌不扬。在他最初当保险推销员的半年里，他没有为公司拉到一份保单。他没有钱租房，就睡在公园的长椅上；他没有钱吃饭，就去吃饭店专供流浪者的剩饭；他没有钱坐车，每天就步行去他要去的那些地方。可是，他从来不觉得自己是个失败的人，至少从表面上没有人觉得他是一个失败者。自清晨从长椅上醒来开始，他就向每一个他所碰到的人微笑，不管对方是否在意或者回报以微笑，他都不在乎，而且他的微笑永远是那样的由衷和真诚，他本人看上去永远是那么精神抖擞，充满信心。

终于有一天，一个常去公园的大老板对这个小个子的微笑发生了兴趣，他不明白一个吃不上饭的人怎么会总是这么快乐。于是，他提出请原一平吃顿早餐。尽管原一平饿得要死，但还是委婉地谢绝了。原一平请求这位大老板买一份保险，于是，原一平有了自己的第一个业绩。这位大老板又把原一平介绍给他的许许多多商场上的朋友。就这样，原一平凭借他的自信和微笑感染了越来越多的人，最终使他成为日本历史上签下保单金额最多的一名保险推销员。

帮助别人，往往就是帮助自己。原一平成功了，他的微笑被称为"全日本最自信的微笑""价值百万美元的微笑"，而这样的微笑并非天生，而是长期苦练出来的结果。原一平曾经假设各种场合与心理，自己面对着镜子练习各种笑。因为笑必须从全身出发才会产生强大的感染力，所以他找了一个能照出全身的特大号镜子，每天利用空闲时间练习。经过一段时间的练习，他发现嘴唇闭与合、眉毛的上扬与下垂、皱纹的伸与缩，都会呈现不同的"笑"的含意，甚至于双手的起落与两腿的进退，都会影响"笑"的效果。

有一段时间，原一平因为在路上练习大笑，而被路人误认为神经有问题，也因练习得太入迷，半夜常在梦中笑醒。经过长期苦练之后，他的笑达到炉火纯青的地步。原一平把"笑"分为38种，针对不同的客户，有不同的笑容。并且深深体会到，世界上最美的笑就是婴儿的笑容，那种天真无邪的笑，散发出诱人的魅力，令人如沐春风，无法抗拒。

无论是否从事推销职业，我们每个人都应该学会微笑、利用微笑。很多人投资大量时间和金钱去学习各种技能，比如英语、计算机、会计等等，而很少有人花一点时间来学习微笑这种技能。而这种不花钱，只要用心就能学会的技能，为我们带来的价值是不可估量的。

只要我们以诚信为基础，学会以上所讲的交往技巧，就能拓展大量的人脉，同时也就意味着获得了大量的财脉。相信我们一定会获得成功。

不断努力，先成为公司最好的员工

俗话说得好，三百六十行，行行出状元。当然现实中的行业远不止三百六十行，甚至于三千六百行，三万六千行……职业越来越多，从事不同职业的人也越来越多，竞争也越来越激烈。但是你总会选择一个职业作为你的谋生之道，这也称之为你的"行当"。所谓的真才实学，就是在你自己的行业里，做好自己的本分。每个行业都有比较出色的人才，都有状元，不管你所在的行业是多么的平凡，都可以做出一番业绩，因此你没必要跟别的行业的人比。只要具有一门真才实学就绝对够成功的资本了。

北京一家房地产公司的总经理李晖，年薪 700 万，按他自己的话说："是中国工资最高的打工仔。"他说起他凭什么一年挣这 700 万的时候，就说起了本事，说起了看家本领。他说他的本事是准确地判断形势，走在形势和法律的前头，也就是钻法律的空子。他曾在我国还未有上市公司时就大胆决策使华远公司在国外上市；曾在 1997 年国家大力监控、压缩上市公司名额时，借壳上市；曾在房地产业大萧条时，在香港成功融资 1.2 亿。他所在的房地产公司在众多公司中脱颖而出，在十年内资产达到 120 亿元！

你也许会说，李晖起点很高，所以有他施展看家本领的机会，有他表演的舞台。其实不然，他退伍后到这家公司，是一步步干上来的。正是因为看家本领的出色，所以被一步步提升，做到了总经理这个高位上。

我们每个人都在忙忙碌碌地过活，实际上人生就是一场戏，每个人都有属于自己的舞台，只是有的人拥有比较大的舞台而已。即使现在你的舞台很小，也不要嫌弃观众的反应冷淡。你要不断地提高，只有具有高超的表演技能，也就是我们所说的真才实学，你才能博得越来越多人的注意，才能赢得更多的掌声。

此外，走向成功的过程是一个渐进的过程，只有很少的人能一跃而就，成为他们那行最出色的人。你要一直不停地努力，先成为你们办公室最好的，再成为你们公司最好的，最后成为你们行业最好的。

如果你是农民，就让庄稼的收成更好一些；如果你是工人，就加把劲生产出更优秀的产品；如果你是电脑工程师，就生产出更强大的芯片来；如果你是软件程序员，就努力写出更好的程序来；如果你是医生，就努力让医术变得高明；如果你是老师，就努力培养出更多的人才……

技不压身，不妨多学几行。你的成功，受益于你的进步，受益于你的本领，你的本事越多，成功的概率就越大。到那时，成功自然是属于你的。

看家本领不仅仅是安身立命之本，还是唯一真正完完全全属于你自己的东西，谁也抢不走，夺不去。毕竟，技不压身，多学几行，就多给自己几条出路，也就多几条走向成功的路。这与本领要精益求精、力求完美，并不矛盾。唯一不变的真理是，只要你有真本领，有真才实学，就会处于不败之地。

许多下岗的人，总是一样，只是会一门本领。原来是纺织工人，下岗后只想着再找一家纺织厂，别的他们也不会干。这些人，从原来的行当出来后，两眼冒金星——这世界完全搞不懂了，他们除了原来会的看家本领，再无其他的本领。他们只有接受这种命运。

但是如果你事先熟悉另一行当，并加入了这一行当，在新行当中得心应手，很快显示出才华，多了一技之长的你，境遇肯定会好一些。

王嘉廉，软件公司总经理，他的故事就是这样一个最生动的例子。你能想象吗？他的专业是舞蹈演员，一名普通的文艺兵，后来由于改行，1988 年到 1990 年就读于斯坦福大学，获计算机硕士学位，后来回到中国，做了 IBM 中国公司网络顾问、经理，最后又加盟了友邦软件公司，坐上了总经理的金交椅。

王嘉廉 1955 年出生于大连一个武术之家，父亲是全国武术比赛冠军。由于从小受父亲的培养，王嘉廉武术功底很不错，进了少年宫学习舞蹈。长大后进了北京二炮文工团，当上了一名普通的文艺兵。

1978 年，王嘉廉又考上了中国歌舞团。但是，这时候他已经强烈地感受到了时代的变化。他问自己："跳舞能跳多久？是不是应该改行？"这样，1979 年，他开始学习英文，1983 年 8 月，他又申请到美国念书。

1984 年 1 月，王嘉廉正式在大学念书；1987 年 5 月，从新泽西州立大学计算机系毕业。3 年时间里他学了 42 门课，其中 36 门成绩是 A，剩下 6 门是 B。

1988 年王嘉廉到了斯坦福大学，花了一年半时间读完了硕士。1992 年后回到中国，仅仅几年时间，他取得令人瞩目的成就，而这是他当年做舞蹈演员的时候连做梦也不敢想象的。改行改变了他一生的命运。

你是司机，不妨学一下修车；你是内科医生，不妨学一下保健；你是律师，不妨学一下期货投资……只要有能力，多学点东西总是有好处的。

时刻留心你自己的天空上方

有的人把机遇比作是既美丽又调皮的小天使，它们在人们头顶上飞来飞去，有时候它会一不小心掉下来，砸中某一个人，这个人就是幸运儿。但是天上掉馅饼的事太少，所以你要学会在机遇从头顶上飞过时跳起来抓住它。这样，你的机会就会增加，当然，你成功的概率也会增大。

谁都知道，机遇不是满天飞的，也不是伸手一抓就能抓一大把的，所以要时刻留心你自己的天空上方，最好也多多留心别人的天空。毕竟机遇太少，不是整天像馅饼一样从天上往下掉。所以，一旦发现，赶紧行动，抓住它，别错过了大好良机。

有些人听完后就会感叹："机遇什么时候会从天上往下掉？会掉在哪里？会不会砸中我……唉，我哪里有这么幸运，要是有一个机遇砸中我，我就不会是这副穷德行了。"像这样总是鬼迷心窍怨天尤人的人，他要怎么样才能成功啊！这个故事是想告诉我们，要经常保持对机遇的警觉，等它出现时，赶紧行动起来抓住它，而不是要你等待机遇从天而降。

张丽毫无疑问就是这样一个善于抓住机遇的传奇女性。1986年到1989年，她一直在当普通的记者，但后来因为抓住了几个千载难逢的机遇，她一手创办了瀛海威信息通信公司，现在又成为盛华元通国际投资管理公司的总裁。她是怎样一步一步地走向成功的呢？

张丽，1963年7月出生于辽宁抚顺。上高中时，她就参加了全国的数学和物理竞赛。由于那时所有人都在谈论"科学的春天"，女同学都在幻想有一天去当居里夫人，张丽因此选择了化学。上大学时，大家都觉得自己是"天之骄子"。1986年，张丽从中国科技大学毕业，到《中国科技报》做了一名记者。直到这时候，张丽也不知道自己想要做什么，于是她就在报到的3个月后，选择了结婚生孩子。对此，报社总编非常生气，觉得不可理解，认为身为中国科技大学第一任的女学生会主席，不应该如此不求上进，甚至决定以后再不要科技大学的毕业生了。

1989年张丽离开了报社，到了科学院的高技术企业局，但是她很快发现自己并不适合做科学，也不适合做官。1991年底，她又面临一次机遇的选择——是去科学院下面的公司，还是自己出来做点事情呢？张丽没有错过这次机遇，毅然选择了从零开始，一分钱没有，成立了自己有生以来的第一个公司：天树策划。

1994年底到1995年初，又一次机遇来到了，张丽接触了通信这一体制落差相当巨大的市场，包括移动通信市场。它们都是凭借一个资源，带动一个很大的市场空间。而这时寻呼和策划等行业都从暴利迅速变成了微利，于是，在这样的情况下，张丽选择了走入 IT 行业。没有明确目标，也没想清楚要做什么，她只是凭着一种直觉撞进了这个市场。感觉要想获得很好的商业和产业机会，一定要做一件迎合经济变化的事情，而不是在固定的经济秩序中寻找自己的位置。就这样，不久后促成了瀛海威公司的诞生。

1998 年，张丽在一手缔造了瀛海威的黄埔军校后，因为种种原因辞职了。这以后几乎每天都有风险投资人来找她要向她投资。曾经有人这样说："你只需编一个故事，不管真假，只要许诺去做，我马上给你投 400 万美元。"但是张丽拒绝了。她觉得自己没有必要再去做自己做过的事情，她要寻找和等待新的机遇的出现。

而这机遇很快就出现了，不久中桥投资基金和她走到了一起，成立了盛华元通投资管理公司，张丽出任总裁。她又一次开始了挑战自己，超越成功，她的传奇故事也又一次成为年轻一代们永远的追求。

机遇是对人生的一种态度，它存在于每个人的心中。你心中坚强的意志，会把天空的机遇拉过来。等你落地时，你会欣慰地说："看，我抓住的这个东西，就叫作机遇。"心听到后，对你笑笑说："它就是你的。"机遇就是这样，它不折不扣地存在，关键是你是否注意到它的存在。天空中什么样的机遇都有，而且它从不拒绝那些对机遇贪婪的人去占有他。

有些人根本不相信自己，不相信自己能配得上机遇，更不相信自己能凭本事抓住机遇。就因为他们这么没志气，所以命运才会一而再，再而三地捉弄他们，以示惩罚，让他们一次次看着别人的"幸运"，在一旁赞叹、评论、讽刺、诋毁、嫉妒。有的人只用机遇阐释成功，他们认为那些成功的人就是幸运而已。实际上，成功人士，都有一定的优秀品德，他们的成功可以说是必然的。

你若跑在了前面，你的梦想就实现了

虚幻的梦想的力量真的是不可预测的吗？不错，只要你将它付诸实际行动，那看似遥远的梦就会成真。

因为你有梦，所以在你内心深处就能激发出一种力量。它带给你更积极的态度，而你会比别人更认真，凡事都怕认真二字。你想在芸芸众生中出人头地，你想安富尊荣的梦想会一直推动着你前进。你的梦中充满了光明和希望，你会追逐着它前进，由于你一直在跑，时间长了，你就跑在了前面，你的梦想就实现了。

看周围多少人一直忙忙碌碌，却还是平庸，成功的人总是寥寥无几。这个世界上平凡的人太多，他们骑自行车上班，不敢梦想会有一辆属于自己的汽车；他们走过饭店囊中羞涩时，只能眼巴巴地看着别人潇洒地买单；面对种种高级的物质享受以及成功的喜悦，他们总是望而却步。如果你连想都不敢想，那么你肯定与成功无缘了。

所以不能认命，不要被现状吓倒，虽然某些东西现在不属于你，但并不代表它们永远不属于你。对于你羡慕的一切，只有你梦想着去拥有它们，你才可能成功，因为有希望才会有机会。如果你老是妄自菲薄，自怨自艾，对自己没有多大的期待，最后会习惯地把一个个梦想掐死在心灵的襁褓中，长此以往，你就注定一生卑微。

只要你还梦想着拥有你羡慕的一切，你就还有希望成功。如果连期待都没有，还经常不相信自己会成功，那成功对于你来说根本就是不可能的事，你将停留在起点，永远不会进步。现在的落后与平庸还有情可原，但将来还是平凡或者贫穷就是一件悲惨的事了。

一个人的态度很重要，如果他积极、向上、认真、一心一意，这将成为他成功的筹码。这是一笔无可估量的财富，它所引导成功的力量是巨大的。如果他三心二意，今天梦想这个，明天期待那个，梦想着一事，却又从事另一事，那么这种努力是徒劳无功的，最后还有可能被人耻笑。

对于我们来说，失去向上的心态，失去希望，是最可怕的。就像好多得了绝症的病人，一个有良好的心理状态，有积极的精神态度的人，会奇迹般地活下来。而那些过分地关注病情的变化，期待着某种症状的出现来印证他们的感觉的人，会不断地衰弱，甚至于死亡。实际上他们失去了健康的梦想，他生命活力的源泉也就逐渐枯竭了，即使靠药物维持，也不过是在等待死神的降临而已。而对健康的渴望，有时却能奇迹般地治愈疾病。

现在癌症在医学界仍然是无药可救的，但是有一批癌症患者陆续地摆脱了它的困扰，健康快乐地活了下来。上海有一家癌症俱乐部，俱乐部的成员自然人如其名：身患癌症。这家癌症俱乐部一直在不断制造着奇迹。医学专家面对这样一群人时，困惑了，几经周折，还是找不到答案。后来心理学家通过调查对此做出了解释：凡是痊愈的人，无一不怀着强烈的希望，他们一直期待着有一天能痊愈，这种积极的心态从来没有停止过，它激发了人类潜在的机能，目前我们还不了解这种神奇的机能是怎样发挥作用的，这需要我们去探索答案。但是心理学家仍然坚定不移地告诉世人：梦想的力量是不可预测的，是超乎人们的想象的。

建行董事长张恩照，最初只是一个研究所的研究人员，现在却是身价达 6 亿的成功的银行家。在研究所时，他为孩子上小学的学费急得愁眉苦脸，现在却每年拿几百万、上千万来兴办希望小学。在一次记者招待会上，他的夫人感慨地说："这样的生活真是以前做梦也不敢想的。"人们听过后，问这位银行家："你当时也是这样，做梦都不敢想这样的生活吗？"这位银行家回答说："我没有梦想到现在生活的细节，但我曾在报纸上看到过一篇介绍美国亿万富翁生活的文章，当时我就有了自己也做亿万富翁的美梦。"

除却他的奋斗、才能、机遇不讲，如果说当初没有梦想，也许张恩照这一生都无法寻求到一种力量，能够推动着他走向今天这样的位置，而他也不可能跻身于亿万富翁的行列。

付诸行动，才能走向梦想的终点

有些人很长时间没有成功，就变得消极、暴躁、沮丧，这时他的梦想已经破灭了。因为真正的梦想是永远不会死的。真正的梦想是关于美好的未来，更快乐地生活、更满意地工作，更深更持久的快乐。它们围绕着健康、乐观、欢笑、亲情和友情、满足、希望及成功……这一切都值得去想。

梦想带给你的全是美好的东西，它不会带给你压力，它是用来免除烦恼的。

梦想只是成功的起点，梦想的实现才是成功的终点。人们都能轻易地站到起点，但是走到终点的人却寥寥无几。因为空想者缺少将梦想变为现实的决心。只有用辛勤的汗水去浇灌梦想，你的梦想之花才会结果。怕在成功的征途上吃苦头的人，梦想只是他们对于成功的一项空白的承诺。若对成功有了最初的蓝图，要付诸行动，才能走向梦想的终点。

人世间最辛苦的是农民，他们尽人力，听天命，勤勤恳恳的耕作着他们的土地，满怀希望地期待着收获的季节。如果他们收获了，那么皆大欢喜。可是如果遇上了足以让硬汉哭泣的蝗灾，或者碰上了罕见的洪水，你能体会他们的伤痛吗？他们会在无可挽回的损失面前，默默地，带着些悲痛，怀着些希望，再一次播下收获的希望。你能体会农民的伟大吗？

对于世人来说，我们更需要学习农民的高尚品质——感伤损失却不因感伤而放弃。在自己生命的田野上耕耘，要想收获成功，就要像农民一样，不绝望，不断的耕耘着梦想。这就是梦想不死的原因，它让你为之日复一日，年复一年地去追求，最终走向成功。

你有没有想过梦想成真后，会有什么好处，会有什么坏处。如果你坐拥亿万资产，你会怎么回报在你困难时曾经帮助过你的人们？当朋友们或家人向你借钱时，你会怎么应付？你会不会因为有了女秘书而忘记了贤妻？你还会像以前一样为吃一顿廉价的火锅筹算半天吗？你是否有勇气让别人了解真实的你？

我们需要梦想成功的那一天，但是只想要梦想它带来的喜悦，而不要梦想它带来的烦恼。如果你现在贫穷，那么去梦想你成为千万、亿万富翁的生活；如果你现在没背景，去想象你进入上流社会时的光荣；如果你现在没事业，去想象你飞黄腾达时，别人要你写自传以教育更多一如你当初曾经穷困无助的后进的荣耀。想象梦想成真，会激发你的体内的一切冲动与热情，让你为梦想而奋斗。真正能激励你成功的梦想是奠基于你的价值观及信念之上的。

所以梦想一定要与你的价值观和信念一致，你才会走向成功的正轨。

人的一生就像是一块土地，你的梦想就是种子，要想取得好收成，就要不断耕作，为它除草、浇水；如果一直不能成功，就要换一种思维，播种另一类种子。你是否在意过那些成功的人？他们也是同时播种几个梦想的种子，并且付出相应的努力，最终才找到一个奏效的，于是他们成功了。第一次写作的人就能将文章发表，第一次投资某项经营的人就发了大财，第一次唱歌的人就成为明星，……这种幸运儿很少。的确，在生命的田园里，第一次播种就能有好收成的人真是太罕见了。

所以，在成功的旅途中，难免会遭受挫折，要想成功，就要不断播种梦想。在走过一个个人生低谷后，播种新的梦想就更显得弥足珍贵。这样梦想就是阶段性的了。

一个梦想成功后，你满足吗？不满足的话，就继续播种新的梦想与希望。

只有不满足，你才会从弱者变成强者，从失败走向成功，从苦难走向幸福，从贫穷走向富裕。

当你碰上麻烦时，你该怎么办？当别人误解你时、当事情出现问题时、当你犯了错误时、当你遭遇失败时、当一切似乎都暗淡无光时、当问题看起来没有良好的途径解决时，你会怎么做呢？

难道你甘心被困难压倒吗？难道你只是无奈地叹息，而选择无声地逃避吗？

　　面对困难你要激励斗志，把不利条件转变为有利条件。你要确定你需要什么。当你认识到你所向往的目标能够并将要实现时，你应该用切实而清醒的思考并积极行动。

　　有位哲人说过："每种逆境都含有等量利益的种子。"你是否感受到，成就很大的人，都曾承受过巨大的苦难，或有过非常不幸的经历。如果没有这些东西，他们会取得那么大的成功吗？这不都是活生生的例子吗？

　　持续地播种新的梦想能让你取得一个又一个成功，永不满足能够激励你取得成功，最后你的田园会盛开永不凋谢的鲜花。

　　持续地耕耘、努力，不断地播种梦想，这就是成功的金钥匙。

　　只有你不满足，你才能从弱者变成强者，从失败走向成功，从苦难走向幸福，从贫穷走向富裕。

挫折面前，没什么可怕的

挫折是人生最宝贵的财富。我们应当在挫折中找到奋斗的源泉，要越挫越勇。因此，不要幻想生活总是那么圆满，生活的四季不可能只有春天。每个人一生都注定要跋涉沟沟坎坎，品尝苦涩与无奈，经历挫折与失意。挫折，是人生必须经历的一课。在漫长的人生旅途中，挫折并不可怕，受挫折也无须忧伤。只要心中的信念没有萎缩，你的人生旅途就不会中断。

能绝处逢生的人，必有坚强的意志

伟大的德国作家歌德曾说过："能从绝望的处境中逃脱的人，必能学会坚强的意志。所以不要只是一味地烦恼，应立即采取行动，使自己从绝望中逃出来，你要相信新的一天会将你带到新的地方去。"

你觉得"信心"是一种摸不到、不实在的东西吗？你觉得它无法达到我们一再向你保证的那些目的吗？

有一位名叫杰米的水兵，被大浪冲下甲板。他身上并没有穿着救生衣。当时是凌晨4点，他置身茫茫大海，远离海岸。没有人知道他上了甲板，当他落水的那一刻，他知道自己获救的机会几乎是零。可是，年轻的杰米并不惊慌失措，他把身上的粗棉布衣脱下，同时在裤脚打结，让里头充满空气，把它当作临时的救生圈，最终，他获救了。

根据他事后的追述：

当时他力图镇定。他以一个下士的训练告诉自己："不要担心未来。"他想，8点集合的时候，他们就会发现他不在船上，然后会派出救生艇出来搜救他，因为他们这条战舰的航行路线，跟一般商船的路线不大相同。

他异常地镇定，偶尔还试着把头靠在充气的棉布衣上休息。可是波浪却不停地拍打着他，让他无法入睡。他抑制心中的恐惧，依赖他的信心，不断地暗自祈祷："主，请救救我吧！主，请救救我吧！"

可是，隔天早上，依然没有船只的影子，他开始有些消沉。由于受到海浪拍打，并喝了不少海水，他的身体变得相当虚弱。可是，他不曾失去信心，仍然不停地祈祷："主啊，请你救救我吧！"

那天下午3点，也就是在他落水后的第11个小时，他被一艘叫"执行者"的美国货轮上的水手发现，而水手都觉得相当吃惊。

可是，更令他们难以理解的是，船长说不出他为什么要把船从平日的航线更改为跟杰米所搭的战舰交叉的航线。要是他们不这么做的话，他根本不会经过原本在几百里外的大洋，来到等候救援的杰米身边。

杰米被救上来时，精神还算不错。他独自走上"执行者"的绳梯，而船上的水手都为他欢呼。

读过这篇报道后，你是否还会怀疑"对那些满怀信心的人来说，没有不可能的事"这句话呢？

到底是什么力量促使那位船长改变航线，将船航行到大洋中，把一个坚信自己信念的人救起来的呢？

心灵和精神影响所及的范围是没有极限的。你有多大的信心呢？在读过这个故事后，该会更坚定吧。你也许没有机会在这种急迫的环境里去测试自己的信心，但是，对于日常生活的琐事，你大可很轻易地去完成。要是你坚守信念的话，相信在某些年后，你将会有所成就。

而这种信心应该是明确的、期望性的、毅然的、真诚的，要不然它便产生不出"特别的力量"，对你也就无所作用。

万一身处险境，千万不要期待能在某一时间内得到回应，因为上天是不会在这段时间内觉察到的。限定时间不仅会使你紧张，而且对自己能否及时得到援助也会感到怀疑。你所要做的，只是确信救援会及时来到。杰米就是以如此的心态，以上天所给予的本能挣脱命运束缚，进而获得"上天"提供的援助和指引，最终战胜危难。

在杰米满怀信心，口中复诵"主啊，请你救救我吧"时，他对自己没有丝毫怀疑，一直深信自己将会被解救，而事实也果真如此。

毫无疑问，在前进的道路上总会遇到困难，如何面对困难是每个人都要面对的问题。

少数人把困难看作一次机遇和挑战，他们往往在困难面前毫不犹豫地采取主动，这些人通常是成功者；而多数人只是被动逃避困难，即使是一个小小的问题也足以摧毁他的意志，面对困难，他们很容易陷入一种无力的状态之中。

下面介绍三种摆脱困难的方法。

第一种解脱困难的方法：困难真的是"永远存在"的吗？你可以先不要给自己下结论，朝它可能是暂时性方面想想看。也许你很幸运地在仔细考虑之后，发现那困难的确只是一个暂时现象。但如果你始终无法找到有力的证据，那么索性不要找现实中的证据了，用你的想象力反复告诉自己"这一切总会过去"，多重复几次你一定会从第一种陷阱中爬出来。

第二种解脱困难的方法：是问题"无所不在"，还是你把问题一直带在心里？不要轻易成为问题的牺牲品。换个角度，不要再去想那个"无所不在"的问题，而多花些心思用在解决问题上，也许那个"无所不在"的问题是个很容易解决的问题。即使无法解决这个"无所不在"的问题，也不用每时每刻把它挂在心上，因为这个问题最多只能影响你的一部分；如果它毁掉了你的全部生活，也是你那个"无所不在"的想法助长了它的破坏力。"无所不在"的问题对你的整个生命来说，只是个小问题，试着去解决，解决不了就把它丢掉。

第三种解脱困难的方法：有人出了问题，他大声叫道："见鬼，我又出错了，一切都没错，只有我是错误的！"把所有问题全部往身上揽并不是一种美德，这种习惯的养成最初可能只是一次由你小小的错误而发生，于是让你产生这种"一切都因为我才……"的怀疑，然后你自己把这种怀疑变成一种反面的信念。于是你真的变成了一个失败者。当第一个问题出现时，千万不要让自己有机会产生这种"问题在我"的怀疑。亿万富翁也会有破产的一天，所以你不必为自己的有限储蓄不思进取，最可靠的保证是你每天都在进步而不是倒退。只有那种进取的生活态度才是最令人放心和欣慰的。

永远地摒除心中的疑难，因为"只要坚信，梦想便会成真"。

畏避困苦的人，一生只能做些小事

有人向一个纽约的商人保荐一个少年，在他向他的友人举出了那个少年的种种优点时，商人这样问："他有耐性吗？这是最要紧的事。他能坚持吗？"

是的！这是你的终生问句："你有耐性吗？你有坚韧力吗？你能在失败之后，仍然坚持吗？你能不管任何阻碍，仍然前进吗？"

坚忍的意志是一切成大事业的人的特征。他们或许缺乏其他良好的素质，或许有种种弱点、缺陷，然而坚忍的意志却是成大事业的人所决不会缺少的涵养。劳苦不足以灰他们的心，困难不足以失他们的志，不管事情怎样，他们总会坚持忍耐着，因为坚韧是他们的天性。

世界上没有一种东西可以比得上、可以替代"坚忍的意志"。教育不能替代，多财的父母、多势的亲戚以及其他一切都不能替代。

用"坚忍的意志"当作资本从事事业的青年人，其能成功的可能性，比那些以金钱为干事业的资本的青年要大得多。人们的成功史，每时每刻都在证明"坚忍"可以使人脱离贫穷，可以使弱者变成强者、无用成为有用。

已故的克勒吉夫人曾经说过，美国人的成功秘诀，就在于他是不怕失败的。他心中想要做一件事时，必有全部热诚全力以赴，简直不想任何失败的可能；假使他失败了，他会立刻站起来，抱了更大的决心向前，那么成功而后已。

普通人在事业上一经失败，就一败涂地、一蹶不振。然而那些有坚韧力的人、能够坚持的人、不知在何时才算受挫的人，是不会一败涂地的。他们纵有失败，然而他们不以那个失败为最终的命运。每次失败之后，他们会以更大的决心、更多的勇气站起来继续前进，直至得到最后的胜利为止。

你曾经看见过一个做事时不管情形怎样，总是不肯放弃、不肯丧气，而在每次失败之后都会含笑起立，以更大的决心冲向前的人吗？你曾经看见过一个不知失败为何物，一个像格兰德将军一样不知在何时才算受挫，一个要将"不能""不可能"等字眼从他的字典中除去，任何困难和阻碍都不足以使他倾跌，任何灾祸和不幸都不足以使他灰心的人吗？假使你曾经看见过这样一个人，那你曾经一定看见过一个伟大的人，一个非同寻常的人了。

　　大胆、无畏永远是成就伟大事业的人的特征。生来胆小不敢冒险，而畏避困苦的人，自然一生只能做些小事了。

　　当你在事业上有"向后转"的念头时，你就该注意了。这是最危险的时间，也是有关出路的关键！历史上的许多伟大事业，都是在大多数世人想要"向后转"的时候所成就的。

　　几乎每个造福人类的科学发明，都是出于那些有极强的坚韧力的人之手。霍乌在设法发明缝衣机时所承受的痛苦、贫穷与损失，恐怕能够忍受得下的，一万人中没有一人。世界上的一切大事业的成就，都是假手于那些别人放弃而自己还在坚持的人。一个能够坚持，在旁人笑他为不智时还是坚持的人，那他的前程，多半是"可畏"的！

　　许多人做事有始无终：开始时满腔热忱，但到了中途，往往会颓然而返，就因为他们没有充分的坚韧力使他们达到最终的目的。在满腔热忱、意气豪迈的时候，做事是何等的容易！所以开始做一件事是不费力的；而我们也不能在开始做事的时候，估量一个人真正的价值。我们不能以竞赛起步时的成功评判人，而应该以抵达终点时的成功评判人。

　　做一件事，能否不达目的不肯放手，是测验一个人的品格的一种标准。坚持的力量是最难能可贵的一种品德。许多人都肯随着大众而向前，在情形顺利时，也肯努力奋斗；但是在大众都已退出，都已向后转，而自己觉得是在孤身作战时，仍然坚持不放手，这就很难了，因为这是需要坚韧力，需要毅力的。

适度享乐而不忘道德

犹太教的一位拉比说："适度享乐而不忘追求善行的人才是最贤明的。"理想的人格绝不是那种闭眼不看世界、逃避尘世乐趣的禁欲主义者，而是知道如何享受生活却又能不越出一定限度的人。

在《塔木德》中有一则关于道德与享乐之间的关系的寓言，其中以比喻的方式表达了他们的看法。

有一艘船在航行途中遇到了强烈的暴风雨，偏离了航向。

次日早晨，风平浪静了，人们才发现船的位置不对。同时，大家也发现前面不远处有一个美丽的岛屿。船便驶进海湾，抛下锚，做暂时的休息。

从甲板上望去，岛上鲜花盛开，树上挂满了令人垂涎的果子，一大片美丽的绿荫，还可以听见小鸟动听的歌声。

于是，船上的旅客自然地分成了五组。

第一组旅客认为，如果自己上岛游玩时，正好顺风顺水，那就会错过起航的时机。所以不管岛上如何美丽好玩，他们都坚持不登陆，守候在船上。

第二组的旅客急急忙忙地登上小岛，走马观花地闻闻花香，在绿荫下尝过了水果，恢复精神之后，便立刻回到船上来。

第三组旅客也登陆游玩，但由于停留的时间过长，在刚好吹起顺风之时，以为船要开走而慌慌张张地赶回船上来，结果，有的丢了东西，有的失去了好不容易才占下的理想位置。

第四组的旅客虽然看到船员在起锚，但没看到船帆扬起，而且以为船长不可能扔下他们把船开走，所以，一直停留在岛上。直到船要起航之时，他们才着急忙慌地回到船上来。其中有些人为此受了伤，直到航行结束也没有痊愈。

第五组旅客由于在岛上陶醉过度，没有听到起航的钟声，被留在了岛上。结果，有的被树林中的猛兽吞吃了，有的误食有毒的食物而生了病，最后全部死在岛上。

在拉比的解说中，故事中的船象征着人生旅途中的善行；岛则象征着快乐，各组旅客象征着对善行和快乐持不同态度的世人。

第一组的人对人生的快乐一点儿不去体会；第二组的人既享受了少许快乐，又没有忘记自己必须坐船前往目的地的义务，这是最贤明的一组；第三组的人虽然享受了快乐并赶回了船上，但还是吃了些苦头；第四组也勉强赶回船上，但伤口到目的地还没有愈合；人类最容易陷入的还是第五组，往往一生为了虚荣而活着。

背着包袱的人是走不远的

聪明人把精力放在该做的事上，而不是整天背着忧虑的包袱，使自己怯于前进，且神经紧张，完全丧失了做事的精力。比如，所谓的"神经衰弱"者就是这样产生的。

不少人往往夸大"危急形势"带来的潜在"惩罚"与"失败"。我们要不就是用自己的想象来同自己作对，把事情小题大做；要不就是完全不用自己的想法认识真实情况，而是做出习惯性的和不假思索的反应，仿佛每一个小小的机会或威胁都是生死攸关的大事。

如果你面临真正的危急关头，那么就需要产生大量的兴奋感。兴奋感在危急关头能带来很多好处。然而，如果你过高地估计了危险或困难，对错误的、歪曲的或不真实的信息做出反应，你就很可能产生过度的兴奋。由于实际威胁远远不像你估计的那么严重，所有这些兴奋感就不能得到适当的利用，不能通过创造性行为"排除掉"，于是它们就留在你的心里，封存起来，成为烦躁心理。极度的过量兴奋有害而无益，就是因为这种兴奋太不适当。

哲学家和数学家罗素谈到过一种应用于自身的缓和过度兴奋的技巧：

"遇到不幸的威胁时，认真仔细地考虑一下：最糟糕的情况可能是什么？正视这种不幸，找到充分的理由使自己相信，这毕竟不是那么可怕的灾难。这种理由总是存在的，因为在最坏的情况下，个人身上发生的一切也绝不会重要到影响世界的程度。你坚持面对最坏的可能性，怀着真诚的信心对自己说，'不管怎么样，没有太大的关系。'这样，经过一段时间后，你会发现你的忧虑减少到了一个非常小的程度。也许你需要把这个过程重复几次，但是到最后，如果你面对最坏的情况也不'退缩'了，那就是说你的忧虑已经完全消失，代之而起的是种喜悦之情。"

19世纪英国著名作家、历史学家和哲学家卡莱尔曾经证实，同样的方法把他的前途从"永久的否定"转变为"永久的肯定"。他曾一度在精神上陷入深深的绝望之中：

我的星辰已经消隐了，阴沉的天幕上没有闪烁的星光……宇宙像是庞大、死寂、无法抗拒的发动机，在死一般的冷漠中不停地转动，把我的躯体一点点地碾碎。

在这种精神颓废之中，忽然出现了一条新的生活之路：

我问自己你惧怕什么？你为什么要像一个懦夫，只知道抱怨与悲泣，只会退缩和颤抖？可怜虫！你面前最可怕的东西能是什么？死亡？好，那就去死，再加上地狱的痛苦，加上一切魔鬼和人类可能给你带来的伤害！假如你没有心肝，就不会承认死亡的一切苦难；你作为自由之子，纵然被抛弃，也要把地狱踩在脚下，这时候死亡又能把你怎样？让死亡来临吧，我将迎接它，战胜它！在我这样想的时候，好像有一团火焰在我整个心灵中燃烧起来，使我把卑下的恐惧永远抖落掉了。我感到一股强大的、不可名状的力量，那是一种精神，甚至是一位神灵。从那以后，我抑郁的禀性改变了，不再是恐怖或者哀怨，而是愤怒和蔑视。

罗素与卡莱尔所告诉我们的是，即使在非常现实和严重的威胁或者危险出现时，我们也要保持一种进取的、追求目标的态度。

不过我们大多数人都听任自己被非常微小的、甚至是想象的威胁"抛出正轨"，还偏要把这种威胁解释为生死攸关的局势。有人说过，各种积弊的最重要原因是小题大做。一位拜访重要顾客的推销员可能会把他的行动看作生死存亡的大事；一位初入社交界的少女可能把第一次舞会当作她终生的判决；很多人为了寻求职业与别人面谈时"怕得要死"等等。

很多人在危急关头所产生的这种"生死存亡"的感觉，也许是从我们遥远而朦胧的历史上继承的遗产。在当时，"失败"对于原始人来说往往是"死亡"的同义词。

不管它的起源如何，无数患者的经验证明，冷静而理智地分析形势就能克服这种毛病。你应当问问自己："如果我失败的话，最糟糕的情况可能是什么？"而不应当自动地、盲目地、不合理地做出反应。

经过详细的观察可以发现，日常生活中这些所谓的"危急关头"，绝大部分都与生死无关，只是一种进展或留在原地不动的机会而已。举例来说，推销员能遇到哪种最糟糕的情况呢？他或者是得到一份订单使自己的处境比过去好一些，或者根本拿不到订单，跟他访问顾客以前的处境没有什么两样；申请工作的人或是得到这份工作，或是得不到工作，他的地位也跟申请前一样；初入社交界的少女所能遇到的最坏的情况，莫过于停留在舞会前的默默无闻，而这仅仅是没有在社交界激起轩然大波罢了。

很少有人意识到态度这么简单的改变一下会有多大的潜力。有一位推销员，他把自己的态度从对前途的惊恐不安——"一切都取决于这一次"——改变为"我只会有收获而不会有损失"的态度，从而使收入翻了一番。

演员瓦尔特·佩吉奥讲过，他的第一次公开演出一败涂地，当时他"吓得要死"。然而，在第二次出场之前，他对自己解释说，既然已经失败了，就不会再有什么损失。如果完全放弃演出，就只能是一个彻底失败的演员。因此，他要是再回到舞台上，就实在没有什么牵挂了。于是，第二次演出时，他举止轻松，充满自信，终于大获成功。

背着包袱的人是走不远的。简单一些，最糟糕的事也没什么大不了的。

看似不见成效的努力，终将会有收获的一天

只要不断辛勤灌溉所种下的种子，执着地去做你认为正确的事情，那么你就必会走出人生的冬季，多年看似不见成效的努力，终将会有收获的一天。

霍华德·舒尔茨是咖啡吧大王，他在美国各地有 1500 多家分店，雇用近 3 万名职工。他谈起自己白手起家的奋斗史时说：

我小时候住在纽约市布鲁克林的房租低廉的住宅区。有一天夜里我躺在床上思量：要是有个水晶球能窥见未来，我会怎么样呢？不过我迅即抛开了这个念头。我的人生仍然漫无目标，只知道必须设法离开那里，离开布鲁克林。

后来我有幸上了大学，却不知道下一步该怎么走，也没有人为我指点迷津。我的父母都是劳工阶层，每天都必须为生活操劳，无暇顾及我。

我发现自己善于推销，便进了一家瑞典人开办的家庭用品公司工作。我表现出色，二十八岁就晋升为副总裁，薪金优厚。我买了一套住宅，又娶了个如花似玉的妻子，生活舒适愉快。

一般人有了如此成就，也许会志得意满，我却还想更上一层楼，决意要主宰自己的命运。就在这时候（20 世纪 80 年代初期），一个奇特的现象引起了我的注意。西雅图有家从事零售业的小公司向我们大量订购滴滤式咖啡壶。这公司名叫"明星咖啡连锁公司"，虽只有 4 家小店，但向我们买这种产品的数量却超过百货业巨擘梅西公

司。当时美国各地普遍使用电气咖啡壶，何以此器具在西雅图那么受欢迎呢？

为了查明原委，我前往西雅图。

明星咖啡连锁公司的总店朴实无华，却别具风格。一推开店门，浓郁醉人的咖啡香气便扑鼻而来。木柜台后面有一排箱子，分别装着从世界各地进口来的咖啡。靠着墙的货架上摆满各种咖啡用具，包括我想见的滴滤式咖啡壶。柜台服务员用勺子舀出少许苏门答腊咖啡豆子磨成粉，倒入滴滤式咖啡壶的滤格，浇下热水，冲一杯咖啡供我品尝。他把杯子递过来，咖啡的香气笼罩了我的脸。我浅尝了一口。

"哇！"我心里赞叹，不由得两眼圆睁。这是我有生以来喝过的香味最浓烈的咖啡，以前喝的咖啡相比之下像洗碟水。当晚我跟明星咖啡连锁公司的股东杰里·巴登一起吃饭。我以前从未见过有谁像他谈咖啡那样谈论某种产品。巴登不只是努力推销，他和合伙人戈登·博格都相信，他们所卖的都是顾客会喜爱的东西。这样的经商态度令我耳目一新，也为之心折。

我想说服巴登雇用我——老实说，此举似乎并不明智。我如果去明星咖啡连锁公司上班，就必须辞去现在的职位，而我妻子也必须放弃现在的工作。我的亲友，尤其是母亲，都认为我的想法没有道理。

我不禁想起 7 岁那年父亲工作时摔断踝骨，在家里待了一个多月的往事。他的职业是开卡车运送尿布，不上班就没有工资，我们一家人的生活顿时陷入困境。他一腿裹着石膏颓然地坐在长沙发上的情景，至今仍深深印在我的脑海中。但是，对我来说，明星咖啡连锁公司有不可言喻的吸引力。其后我在一年之内又找借口去了西雅图几趟。1982年春天，巴登和博格邀我去会晤公司董事长史蒂夫坦南·南瓦尔德。

会晤时的气氛极好。我告诉他们，我曾经用明星咖啡连锁公司的咖啡招待纽约的朋友，尝过的人都赞不绝口。我又指出，这公司其实可以大展宏图，发展成为全国最大的企业。

三位股东似乎很欣赏我的见解。第二天我回到纽约，急切等候巴登的电话。但是他们决定不雇用我。巴登说："你的计划好极了，只可惜不符合我们经营明星咖啡连锁公司的方针。"

我对明星咖啡连锁公司的前途仍深具信心，不想就此罢休。

第二天我又打电话过去。"巴登"，我说，"这不是为我自己想，而是为你们公司……"他倾听着，然后沉默了一阵。"让我再想一晚，"他说，"我明天给你回音。"次日早晨，电话铃一响我就拿起听筒。"我们决定雇用你，"巴登说，"什么时候来上班？"许多人一遇到障碍就打退堂鼓，但是我不会这样，我一旦有了目标，就一定会锲而不舍，全力以赴。我如此坚毅，一方面是凭着满腔热忱，另一方面是不畏惧失败。我常常想起父亲坎坷的一生。他为人诚恳、工作勤奋、爱护儿女，却一直不能掌握自己人生的方向，抱憾终生。

进入明星咖啡连锁公司一年之后，由于另一件事，我的人生又有了大转变。我去意大利米兰参观国际家庭用品展览，第一天早晨便注意到会场里有个小小的蒸馏咖啡吧，柜台后面有个高瘦的男人在笑吟吟地招呼顾客。

"蒸馏咖啡？"他问，然后递给我一杯。我吸饮三口就喝光了，不过咖啡的香浓至今难忘。

那天我见识了意大利咖啡吧的浪漫和营业作风，我于是开始动脑筋。我们何不开设咖啡吧，论杯卖咖啡，让他们不必自行研磨冲泡也能喝到我们的咖啡？

回到西雅图后，我向老板提出此计划，他们却不以为然，强调明星咖啡连锁公司是零售业者，不是餐厅或酒吧。他们还指出公司很赚钱，何必冒风险另辟蹊径？

我对公司当然应该忠心，可是我对咖啡吧计划也充满信心，认为值得一试，因此左右为难。之后，我决定实行自己的计划。在妻子的支持下，我于1985年冬天离开明星咖啡连锁公司，创办了"伊尔·乔尔纳莱公司"。

不到半年，我们在西雅图开的小店每天都有1000多位顾客光临。第一家公司开张6个月后，我们开了第二家，然后在温哥华开了第三家。

1987年3月，巴登和博格决定出售咖啡连锁公司，我一听到消息，就知道非收购不可。伊尔·乔尔纳莱公司的股东都表示支持。于是，四五个月后，明星咖啡连锁公司便归我所有。我有了实现雄心壮志的机会，也肩负了将近100人的希望与忧虑，心里既振奋又恐惧不安。

就在这时候，我父亲病入膏肓。1988年1月，我回家去见他最后一面。那是我生平最悲伤的一天。他没有积蓄，没有养老金，更糟的是，他不曾从工作中体会过尊严和成就感。

成功的秘诀，就在于确认出什么对你是最重要的，然后拿出各种行动，不达目的誓不罢休。

一个有着坚强意志力的人，便有创造的力量

好多人想用微温或将沸的水来推动火车，然后他们会感到很惊讶，火车为什么老是停着不动？这是因为要使水变为蒸汽，必须把水烧到华氏212度。华氏200度的温度，不能使水化为蒸汽，即使加热到华氏210度，也仍然不能。而只有水煮沸后，才能散发出蒸汽来，这样才能推动机器，使火车获得前进的动力。至于温水是不能推动任何东西的。正如温水不能推动火车一样，如果用冷淡的态度对待工作，绝不会有所成就，也无法推动生命的火车。

所以，我们不仅要有坚强的意志力，还应该具有使意志力趋于坚定的能力。如果没有这种能力，就像永远达不到沸点的水一样，那么靠水的蒸汽来推动的火车也只会停在原地。你是以怎样的态度来面对困难的呢？当困难来临的时候，你感到慌乱或是恐惧吗？是犹豫还是逃避呢？你面对困难的时候，是否用推诿的态度呢？比如你会想"如果我能做的话，我一定去做"，还是会以"试试看"的态度对付困难呢？而其实，人的意志力有着极大的力量，它能克服一切困难，不论所经历的时间有多长、付出的代价有多大，无坚不摧的意志力终能帮助人达到成功的目的。一个有着坚强意志力的人，便有创造的力量。不论做什么事都要有坚强的意志，任何事情只有付出极大的努力才能获得成功。

人人都应该去争取理想的自由，因为只有自由地张扬自己的理想，才能创造出宏大、完美的成就。如果一个人不去争取理想的自

由，不以实现最高人生目的为要务，那么不论他多么尽心尽责、多么发奋努力，他的一生也不会有大的成功。如果你见到一个年轻人，他用斩钉截铁的态度去实施他的计划，而丝毫没有"如果""或者""但是""可能"的念头，那么这个年轻人一定会免掉种种诱惑，将来也必定会获得成功。可以肯定地说，如果一个人经常放弃他一贯期待的目标，他就决不会成为一个成功者。从一个人所做的事业中，可以看出他真正的气质。凡有明确目标，并能照着既定程序去做的人，便能坚定自己性格上的勇气与力量，而这种勇气和力量足以支撑他的成功。每当有年轻人来找我商量，要不要变换他所从事的职业时，我总觉得他很可怜，觉得他心中的意志还没有确立起来，他的事业还与他的天性不合，否则他是决不会如此的。

　　毫无疑问，一个能控制自己意志力的人，会具有推动社会的伟大力量。这种巨大的力量可以实现他的期待，达到他的目标。如果一个人的意志力坚固得跟钻石一样，并以这种意志力引导自己朝着目标前进，那么他所面对的一切困难都会迎刃而解。远大的目标，往往是一个人强有力的精神支柱，它能使年轻人免掉种种试探与诱惑，而不至堕落到罪恶的深渊中去。没有控制意志力的力量，便没有持之以恒的恒心，也就没有发明与创造的可能性。有许多年轻人最初很热心于他们自己的事业，但是往往就在一夜之间，他们就可能会放弃自己原有的事业，而去进行别的事业。他们常常在怀疑：自己是否处在恰当的位置上？他们的才能怎样加以利用会最有价值？有时面对困难，他们会感到灰心，甚至是沮丧，或者当他们听到某人成功了某项事业时，他们便开始埋怨自己，为何自己不去做同样的事业。

只有高尚的事情，才能使自己的生命具有特殊意义，才能使自己与众不同。但是要完成这一高尚的任务，不免要面临艰难曲折，而只有坚持不懈的努力才是通向成功的捷径。

一帆风顺只会造就你的软弱，使你弱不禁风

并不是每一次不幸都是灾难，早年的逆境通常是一种幸运。与困难作斗争不仅磨砺了我们的心志，也为日后更为激烈的竞争准备了丰富的经验。可以说，每一位大师的成长道路都不是一帆风顺的。他们正是善于在艰难困苦中向生活学习，磨砺意志，才能在最险峭的山崖上扎根成长为最伟岸挺拔的大树，昂首向天。一帆风顺只会造就你的软弱，使你弱不禁风。

我们来看一个故事。

在洛杉矶的一个盛大宴会上，来宾们就某幅绘画到底是表现了古希腊神话中的某些场景，还是描绘了古希腊真实的历史画面而展开了激烈的争论。看到来宾们一个个面红耳赤地吵得不可开交，气氛越来越紧张，主人灵机一动，转身请旁边的一个侍者来解释一下画面的意境。

结果，这位侍者的解释令所有在座的客人都大为震惊，因为他对整个画面所表现的主题做了非常细致入微的描述。他的思路非常清晰，理解非常深刻，而且观点几乎无可辩驳。因而，这位侍者的解释立刻就解决了争端，所有在场的人无不心悦诚服。

这个侍者说他在许多学校接受过教育，但是，他学习时间最长，并且学到东西最多的那所学校叫作"逆境"。早年贫寒交迫的生活，

使得他有机会成为一个对完整的生活有着深刻认识的人，尽管他那时只是一个地位卑微的侍者。然而，艰难困苦和人生沧桑是最为严厉、最为崇高、最为古老的老师。人要获得深邃的思想，或者要取得巨大的成功，就要善于从穷困破落中摒弃浅薄，莫做井底之蛙。而不幸的生活造就的子孙才会深刻、严谨、坚忍并且执着。

很多身处逆境的莘莘学子，也许在抱怨命运的不公平，抱怨环境对自己的不利影响，但是，威廉姆·科贝特这样说：

"当我还只是一个每天薪俸仅为6便士的士兵时，我就开始学语法了。我铺位的边上，或者是专门为军人提供的临时床铺的边上，成了我学习的地方。我的背包也就是我的书包。把一块木板往膝盖上一放，就成了我简易的写字台。在将近一年的时间里，我没有为学习而买过任何专门的用具。我没有钱买蜡烛或者是灯油。在寒风凛冽的冬夜，除了火堆发出的微弱光线之外，我几乎没有任何光源。而且，即便是就着火堆的亮光看书的机会，也只有在轮到我值班时才能得到。为了买一支钢笔或者是一叠纸，我不得不节衣缩食，从牙缝里省钱，所以我经常处于半饥半饱的状态。

"我没有任何可以自由支配的用来安静学习的时间，我不得不在室友和战友的高谈阔论、粗鲁的玩笑、尖利的口哨声、大声地叫骂等各种各样的喧嚣声中努力静下心来读书写字。要知道，他们中至少有一半以上的人是属于最没有思想和教养、最粗鲁野蛮、最没有文化的人。你们能够想象吗？为了一支笔、一瓶墨水或几张纸，我要付出相当大的代价。每次，揣在我手里的用来买笔、买墨水或买纸张的那枚小铜币似乎都有千钧之重。要知道，在当时的我看来，那可是一笔大数目啊！当时我的个子已经长得像现在这般高了，我的身体很健壮，体力充沛，运动量很大。除了食宿免费之外，我们每个人每周还可以得到两个便士的零花钱。我至今仍然清楚地记得这样一个场面，回想起来简直就是恍如昨日。有一次，在市场上买了所有的必需品之后，我居然还剩下半个便士，于是，我决定在第二天早上去买一条鲱鱼。当天晚上，我饥肠辘辘地上了床，肚子在不停地咕咕作响，我觉得自己快饿得晕过去了。但是，不幸的事情还在后头，当我脱下衣服时，我竟然发现那宝贵的半个便士不知道在什么时候已经不翼而飞了！我绝望地把头埋进发霉的床单和毛毯里，像一个孩子般伤心地号啕大哭起来。"

　　但是，即便是在这样贫困窘迫的不利环境下，科贝特还是坦然乐观地面对生活，在逆境中卧薪尝胆、积蓄力量，坚持不懈地追求着卓越和成功。他说："如果说我在这样贫苦的现实中尚且能够征服艰难、出人头地的话，那么，在这世界上还有哪个年轻人可以为自己的庸庸碌碌、无所作为找到开脱的借口呢？"

第五章

激发正能量，摆脱负面情绪

人生在世一蜉蝣，转眼乌头换白头。一辈子很短，真的需要好好地疼自己。你的世界，有了自己心灵的那束阳光才真的明媚温暖。一辈子，很累，真的不需要去苛求自己。对生活多些感恩，多些知足，用那些正能量去驱散人生的迷雾和阴霾，用一颗阳光的心，还自己一片澄净的艳阳天。

微笑，是心理健康的润滑剂

中国有句老话"一笑解千愁"。笑是一种生活的轻松和愉悦，是一种愉快情绪的自然流露。它是心理健康的润滑剂，有利于消除心理疲劳，活跃生活气氛。

微笑能放松自己，微笑能让自己开心。微笑将面部肌肉的神经冲动传递到大脑中的情绪控制中心，使得神经中枢的化学物质发生改变，从而使心情趋向平静。来，微笑一下吧，好些了吗？

心病可用"笑疗"医。"笑疗"是指用开心一"笑"来疗疾，尤其是治疗"心病"。

传说，在清朝有位县太爷，因患心病而整天愁眉苦脸，郁郁寡欢，食不甘味，睡眠也不安稳。日子长了，只见他日渐憔悴。家人到处求医，疗效甚微。有一天，当地一位医术高明的老郎中得知此事，便上门诊病。在为县太爷把脉之后，老郎中一本正经地说："你乃是得了月经不调之症。"这县太爷听了立即笑得前仰后合，说："此言谬也。"便把郎中逐出。后来，这县太爷逢人便讲此事，每次都笑声不止，谁知没多久，他的病竟好了。这使他恍然大悟，这就是郎中的绝妙之处。其实，就是"笑疗"治愈了县太爷的抑郁症。

工作中难免会接触或置身于陌生的环境，在陌生的环境里，人人都习惯板起一张面孔，保护着原本虚弱的尊严，以免受到来自外界的侵犯和伤害。

如果我们换一副表情，不要那种冷冷的傲慢的所谓尊严，不要紧绷着面孔、圆睁着警惕与怀疑的眼神，让我们微微笑一下，会不会更好些呢？

微笑的作用：

1. 传达对别人的信任

学会在陌生的环境里微笑，首先是一种心理的放松和坦然。对待陌生人，我们应该多一些真诚和善。放下戒备，我们的内心不会再疲惫和紧张，我们的心里也会变得轻松而愉快。人与人之间虽无言但很默契，我们在陌生的环境里感到的就不再是陌生冰冷，而是融洽和温暖。

2. 传达给别人"相信我"的信息

学会在陌生的环境里微笑，还是一种自尊、自爱、自信的表达。微笑来源于内心的善良、宽容和无私，表现的是一种坦荡和大度。

3. 自我心态调整

每天对自己一笑，就是自我调理情绪。给自己一份轻松、一份自信，让自己有一种良好的心态。

4. 调节紧张气氛

这是一位老师的亲身体会：

我是一名小学老师，每天都要面对孩子们，我越来越觉得一个可人的微笑，会给孩子们带来无穷的乐趣。

我还清楚地记得不久前发生的一件事。那天早晨，当我走进教室时，发现卫生还没有打扫好，学生们跑的跑，闹的闹，乱成了一锅粥。见此情形，我气不打一处来，对他们大发了一顿脾气。随后的讲课过程中，同学们沉默异常，从他们惊恐的眼神里，我明白自己刚才犯了错误。于是我想到该活跃一下气氛，微笑着问："怎么了？

你们还没有睡醒呀？"孩子们立刻笑了，几个胆大的笑答："醒了！"我明显地感觉到他们松了一口气。在轻松、愉快的气氛中，我顺利地完成了后半堂课。

5. 传达宽容和爱

微笑确定是一种非常富有感染力的表情，它证明你内心不带虚饰、自然而然流露的喜悦，而且这种快乐的情绪还会像阳光那样，给别人带来温暖，给他人留下了一个良好的第一印象。

6. 表达坚强的信念

对于自己来说，微笑也是一剂强心剂。我们脸上的表情是我们内心世界情绪波动的晴雨表。可以想象，一个不善于微笑、整天肌肉紧张的人一定是生活在压力之下、痛苦不堪的人，无论这种压力是积极的还是消极的。只有真正自信和开心的人才能有发自内心的微笑。一个人在接踵而至的不幸中，仍能示人以如花般的微笑，更能让人深深感受到那种蕴含在微笑后面坚实的、无可比拟的力量——一种对生活巨大的热忱和信心，一种高格调的真诚与豁达，一种直面人生的成熟与智慧。这才是支撑起幸福的基石。只要具备了这种淡然如云、微笑如花的人生态度，那么，任何困境和不幸都能被锤炼成通向平安幸福的阶梯。

7. 微笑在现实生活中就是一种万能剂

我们甚至可以说，微笑是一种生活态度，更是我们可以奉为座右铭的处世法则。它可以让我们的苦恼在不知不觉中消解。它可以消除敌手，同时和天然或潜在的紧张对峙。它是一种令人会意的情感，它更是迎接新的挑战的最好的宣示。

一家大企业集团的人力资源部经理说过，在某些时候，他宁愿雇佣一个学历略逊一筹的职员——如果他（她）有一个可爱的微笑的话，而不会去雇佣一个学历甚高但整天板着一张脸、面无表情的人。

注意，不是张嘴就代表微笑。微笑是一种真实的、热诚的、发自内心的欢快表情。人在微笑的时候表情最自然，任何一点虚伪和造作都会让接受微笑的对象产生厌倦和反感。

微笑着面对生活是很重要的。有人说生活是一面镜子，你冲它笑它就对你笑，你冲它哭它就冲你哭。是哭是笑，取决于你怎么样面对它。如果你愿意去寻求人生的智慧，培养良好的心态，勇敢面对这个世界的一切，那么，就从微笑做起吧。

以律人之心律己，以恕己之心恕人

穿梭于茫茫人海中，面对一个小小的过失，常常一个淡淡的微笑，一句轻轻的歉语，便带来包涵谅解，这是宽容；在人的一生中，常常因一件小事、一句不注意的话，使人不理解或不被信任，但不要苛求任何人，以律人之心律己，以恕己之心恕人，这也是宽容。所谓"己所不欲，勿施于人"也寓理于此。

1. 学会宽容，意味着你不再心存疑虑

法国 19 世纪的文学大师维克多·雨果曾说过这样的一句话："世界上最宽阔的是海洋，比海洋更宽阔的是天空，比天空更宽阔的是人的胸怀。"雨果的话虽然浪漫，却也不无现实启示。

相传古代有位老禅师，一天晚上在禅院里散步，突然发现墙角边有一张椅子，他一看便知有位出家人违犯寺规越墙出去溜达了。

老禅师也不声张，走到墙边。移开椅子，就地而蹲。少顷，果真有一小和尚翻墙，黑暗中踩着老禅师的背脊跳进了院子。当他双脚着地时，才发觉刚才踏的不是椅子，而是自己的师傅。小和尚顿时惊慌失措，张口结舌。但出乎小和尚意料的是，师傅并没有厉声责备他，只是以平静的语调说："夜深天凉，快去多穿一件衣服。"

老禅师宽容了他的弟子。他知道，宽容是一种无声的教育。

在日常生活中，当没有缘分的"对手"，出于内心的丑恶，在你背后说坏话做错事时，此时你是想伺机报复，还是宽容地原谅他？当你亲密无间的朋友无意或有意做了令你伤心的事情，此时你是想从此分手，还是宽容？冷静地想一想，还是宽容为上，这样于人于己都有好处。

有人说宽容是软弱的象征，其实不然，有软弱之嫌的宽容根本称不上真正的宽容。宽容是人生难得的佳境——一种需要操练、需要修行才能达到的境界。

心理学家指出："适度的宽容，对于改善人际关系和身心健康都是有益的。这种宽容，指的是对于子女或别人在生活、工作、学习中的过失、过错采取适当的'羞辱政策'，有效地防止事态扩大而加剧矛盾，避免产生严重后果。"大量事实证明，不会宽容别人，亦会殃及自身。过于苛求别人或苛求自己的人，必定处于紧张的心理状态之中。紧张心理的刺激会影响内分泌功能，而内分泌功能的改变又会反过来增加人的紧张心理，形成恶性循环，贻害身心健康。有的过激者甚至失去理智而酿成祸端，造成严重后果。而一旦宽恕别人之后，心理上便会经过一次巨大的转变和净化过程，使人际关系出现新的转机，诸多忧愁烦闷也得以避免或消除。

2. 宽容，意味着你不会再为他人的错误而惩罚自己

气愤和悲伤是追随心胸狭窄者的影子。生气的根源不外是异己的力量，人或事侵犯、伤害了自己（利益或自尊心等）。一言以蔽之，认定别人做错了，于是勃然作色，咬牙切齿。凡此种种，无非在惩罚自己，而且是因为他人的错误！显然不值。

宽容地对待你的敌人、仇家、对手，在非原则的问题上，以大局为重，你会得到退一步海阔天空的喜悦，化干戈为玉帛的喜悦，人与人之间相互理解的喜悦。要知你我并非踽踽独行，在这个世界里，我们各自走着自己的生命之路，纷纷攘攘，难免有碰撞，所以即使心地最和善的人也难免会伤别人的心。如果冤冤相报，非但抚平不了心中的创伤，而且只能将伤害者捆绑在无休止的争吵的战车上。

三国时，诸葛亮初出茅庐，刘备称之为"如鱼得水"，而关、张兄弟却未然。在曹兵突然来犯时，兄弟俩便"鱼"呀"水"呀地对诸葛亮冷嘲热讽，但诸葛亮胸怀全局，毫不在意，仍然重用他们。结果新野一战大获全胜，使关、张兄弟佩服得五体投地。如果诸葛亮当初跟他们一般见识，争论纠缠，势必造成将帅不和，人心分离，哪能有新野一战和以后更多的胜利呢？

宽容是一种博大，它能包容人世间的喜怒哀惧；宽容是一种境界，它能使人跃上大方磊落的台阶。只有宽容，才能"愈合"不愉快的创伤；只有宽容，才能消除人为的紧张。

3. 宽容，意味着你不会再患得患失

宽容，首先包括对自己的宽容。只有对自己宽容的人，才有可能对别人也宽容。人的烦恼一半源于自己，即所谓画地为牢，作茧

自缚。电视剧《成长的烦恼》讲的都是烦恼之事，但是他们对儿女、邻居的宽容，最终都把烦恼化为了捧腹的笑声。

芸芸众生，各有所长，各有所短。争强好胜失去一定限度，往往受身外之物所累，失去做人的乐趣。只有承认自己某些方面不行，才能扬长避短，才能不因嫉妒之火吞灭心中的灵光。

宽容地对待自己，就是心平气和地工作、生活。这种心境是充实自己的良好状态。充实自己很重要，只有有准备的人，才能在机遇到来之时不留下失之交臂的遗憾。知雄守雌，淡泊人生是耐住寂寞的良方。轰轰烈烈固然是进取的写照，但成大器者，绝非是热衷于功名利禄之辈。

俗话说"宰相肚里能撑船。"古人与人为善之美、修身立德的谆谆教诲警示着世人。一个人只有胆量大，性格豁达方能纵横驰骋。若纠缠于无谓的鸡虫之争，非但有失儒雅，甚至终日郁郁寡欢，神魂不定。唯有对世事时时心平气和、宽容大度，才能处处契机应缘、和谐圆满。

唐朝谏议大夫魏徵，常常犯颜苦谏，屡逆龙鳞，可唐太宗宽容为怀，把魏徵看作是照见自己得失的"镜子"，终于开创了史称"贞观之治"的太平盛世。

如果一语龃龉，便遭打击；一事唐突，便种下祸根；一个坏印象，便一辈子倒霉，这就说不上宽容，更会被百姓称为"母鸡胸怀"。真正的宽容，应该是能容人之短，又能容人之长。对才能超过者，也不嫉妒，唯求"青出于蓝而胜于蓝"，热心举贤，甘做人梯，这种精神将为世人称道。

宽容的过程也是"互补"的过程。别人有此过失，若能予以正视，并以适当的方法给予批评和帮助，便可避免大错。自己有了过失，亦不必灰心丧气，一蹶不振，同样也应该宽容和接纳自己，并努力从中吸取教训，引以为戒，取人之长，补己之短。重新扬起工作和生活的风帆。

4. 宽容，意味着你有良好的心理外壳

宽容，对人对自己都可成为一种无须投资便能获得的"精神补品"。学会宽容不仅有益于身心健康，且对赢得友谊，保持家庭和睦、婚姻美满，乃至事业的成功都是必要的。因此，在日常生活中，无论对子女、对配偶、对老人、对学生、对领导、对同事、对客户、对病人……都要有一颗宽容的爱心。宽容，它往往折射出为人处世的经验，待人的艺术，良好的涵养。学会宽容，需要自己吸收多方面的"营养"，需要自己时常把视线集中在完善自身的精神结构和心理素质上。否则，一个缺乏现代文明阳光照射的贫儿，当被人们嗤之以鼻，不屑一顾。

当然，宽容绝不是无原则的宽大无边，而是建立在自信、助人和有益于社会基础上的适度宽大，同时必须遵循法制和道德规范。对于绝大多数可以教育好的人，宜采取宽恕和约束相结合的方法；而对那些蛮横无理和屡教不改的人，则不应手软。从这一意义上说，"大事讲原则，小事讲风格"，乃是应取的态度。

处处宽容别人，绝不是软弱，也绝不是面对现实的无可奈何。在短暂的生命里程中，学会宽容，意味着你的思想更加快乐。宽容，可谓人生中的一种哲学。

动手去做，冲破情绪的阻隔

要想在你打算有所改变或者有所创新的领域里取得成功，动手去做是最关键的。

你是否曾经有过这样一种感觉：自己体内有些什么东西阻止你去完成一项工作？刚放手去做一件事时，尽管是一件很小的事情，却觉得不能胜任？也许你要做的是一件大事，关系到你的一生，却仍然无法动手去做？

如果这种阻滞的潜意识支配了你的行动，你便受到了阻碍，导致你不能全力以赴解决问题、争取胜利。你的头脑似乎变得呆滞了，往往忘记你想要说什么话、做什么事。你会发现自己逃避所要做的事，白白地浪费了光阴，更不要说去积极行动了。

鲍勃曾是一位多产的作家，但是最近不知道为什么，面对稿纸时他总是写不出东西来。

鲍勃希望在动笔之前先产生灵感，然后才能写作。他认为，优秀的作家总是在觉得自己精力旺盛、才思泉涌的时候才动笔。为了写出好的作品，他觉得必须"等到灵感来了"之后再写。如果哪一天觉得情绪不高，就意味着那天他不能工作。

不用说，既然要符合这样理想的条件才能工作，那他就很少觉得情绪能够好到办成任何一件事情。他很难感到有创作的欲望，于是觉得失望，这就更使他不能"情绪好起来"。所以，他写出的东西也就更少了。

美国国家图书奖获奖者乔伊斯·卡罗尔·奥茨的做法正好相反。他说：

"对于'情绪'这种问题必须毫不留情。在某种意识上说，写作会产生情绪。如果我觉得筋疲力尽，觉得精神微弱到只剩下一口气，觉得也不值得为任何东西再坚持5分钟，那么，我就强制自己去写。不知道为什么，一写起来，情况全都变了。"

其实，鲍勃需要采取的第一个步骤就是培养"能够坐下来的力量"。要想写东西，就得在打字机前坐下来。这个道理听起来很简单，但是常常很难做到。鲍勃平常想要写作时，脑子就变得空白。这种情况使他感到害怕，所以不愿意瞪着空白的稿纸，就赶快离开了打字机。

对于鲍勃来说，泡在浴室里摆弄摆弄胡子，或者待在花园里收拾玫瑰花，是不会弄出白纸上的黑字来的。要想完成一项工作，就得待在可能实现目标的那个地方。像鲍勃这种情况，他非在打字机前面坐下来不可。

为了克服写作阻滞现象，鲍勃制订了个日程表：每天早晨7点半，他的闹钟响起来；8点钟，他得坐到打字机前面去。他的任务就是坐在那里，一直坐到在纸上打出些什么来，如果打不出来就坐一整天。

他还制订了一个奖惩办法：如果打不满一页纸，就不准吃早餐。

第一天，鲍勃忧心忡忡，焦躁不安，直到下午两点还没打满一页纸，自然也就免去了早餐。

第二天，鲍勃进步很快，刚坐到打字机前面两个小时就打满了一页纸，能够早一点吃早餐了。

第三天，他几乎一下子就把第一页纸打满了，而且又打了 5 页纸才想起吃早餐。

他的作品终于创造出来了。他就是靠坐下来动手学会了怎样勇敢地承担艰难棘手的工作。

美国剧作家尼尔·西蒙也是个著名作家，写过许多著名的剧本和电影脚本。他也经常遇到"写作阻滞"现象，他的办法就是"坐下来"。

他承认，有时一连几天写起东西来很费劲。但是，每一天他都强迫自己坐到打字机前面去打字。一旦在纸上打了出来，就有机会看看到底是多坏或者多好，然后也就能够动手修改润色了。正是改写的过程推动着他走向想要实现的目标：

"写剧本只有在改的时候才真正是一种乐趣。打棒球的时候，一个人只有三次击球的机会，三击不中就出局了。而在改写剧本的时候，你想要多少次击球机会就有多少，而且心里很明白，或早或晚总会打出一个好球的。"

如果你能这样去做，就能帮助你做第一次冲刺。第一次冲刺虽然成功的机会很小，但是可以使你不再恐惧和顾虑重重。第一天，你甚至可能觉得浑身难受，但是别泄气，第二天就会轻松一点。等到第三天，你也许觉得轻松很多，甚至觉得用这种"能够坐下来的力量"来对付艰难的工作是件不错的事情了。

既要拥抱成功，也要热爱失败

爱迪生说："失败也是我们需要的，它和成功一样对我有价值。只有在我尝试了所有的错误方法以后，我才知道做好一件工作的正确方法是什么。"从某种意义上说，没有失败，就没有成功。有时成功就像诱人的金矿，而失败就像裹在金矿外面的一层层坚硬的岩石，敲去一层岩石，就离金矿更近一步。

有位年逾70的老太太爱上了登山运动，在随后的25年里，她攀登过许多名山。登山运动不但治好了她的哮喘病，还锻炼和坚定了她的意志和信念。有位朋友劝她说："我们这个年纪可算是到了人生的尽头，还是想着料理自己的后事吧！"可她说："我的后事就是还想登更高的山。"后来在她95岁那年，登上了日本有名的富士山，打破了攀登此山的最高年龄纪录。她就是著名的胡达·克鲁斯太太。克鲁斯太太就是一个敢于拥抱成功的人，她不但知道自己在做什么，还热爱自己做的事，相信自己做的事。

我们同样发现，一个人只要热爱失败，能从失败中汲取智慧，也能成功。俄国伟大的作家列夫·托尔斯泰大学毕业后，选择了边读书边创作的道路。可是他苦苦奋斗了4年，一篇作品也未发表。但他从失败中找到了原因，发现是自己的生活基础太差所致：不熟悉生活，怎么能反映社会深处的奥秘，刻画出栩栩如生的人物形象呢？找到失败的原因后，他毫不犹豫地来到高加索，参加了前线部队。4年的军旅生活，为他后来的文学创作打下了坚实的生活基础。

托尔斯泰创作的《战争与和平》等名著忠实地反映了俄罗斯当时的社会生活，达到了现实主义文学创作的最高水平，轰动了世界文坛。这正是他热爱失败的结果。

哲人说："失败的次数越多，离成功就越近。"在杰出的成功者眼里，失败有两重性，它既能给人带来损失和痛苦，也能给人带来激励、警觉、奋起和成熟。他们总是把一次次失败，或者说把敲下来的一块块岩石，都视为成功的分子。

我们常常发现：一个失败者不一定能转变成一个成功者，但一个成功者，曾经一定是一个失败者。一个成功的人，他成功的历史，其实也是一部失败的历史。据说，世界上著名的成功人士所做的事情中，成功与失败的比例是1：10，也就是说，他们几乎要失败10次，才能换来1次成功。不信你去问问那些成功的人，他们经历的失败是不是都多于成功。华盛顿打的败仗比他打的胜仗多得多，但他最终成功了。刘邦和项羽交战中，几乎是屡战屡败，最惨的时候，连老婆都当了项羽的俘虏。但是，刘邦输得起，屡败屡战，终于在垓下一战，用韩信的十面埋伏把项羽打败。

一个人越不把失败当一回事，失败就越不能把他怎么样，他就越能成功；一个人如果越害怕失败，失败就越会缠住他，他就越难摆脱失败。美国有两位总统的竞选就是最好的说明。罗斯福不怕失败，他成功了；尼克松害怕失败，没有成功。

罗斯福第一次竞选总统惨遭失败后，暂时退出政坛。不久，又因一场意外的遭遇而半身瘫痪。他瘫痪后相信自己还能成功，再次竞选时，当了总统，入主白宫。一个瘸腿人每天坐着轮椅，昂着头，挺着胸，信心百倍地去上班。他在首次就职演说中提出的那个"无所畏惧"的战斗口号，鼓舞了千千万万的听众。他说："我们唯一值得恐惧的就是恐惧本身。"他凭着永远不承认失败、永远不甘放弃的精神，把美利坚合众国引上了一条新的发展道路。他连任四届，成为美国最杰出的总统。

尼克松在 1972 年竞选连任美国总统，由于他在第一任期间，政绩突出，所以大多数政治评论家都预测尼克松将以绝对优势获得胜利。然而，尼克松本人却缺乏自信，走不出过去几次失败的心理阴影，极度担心再次失败。在这种不良心态的驱使下，他鬼使神差地干出了后悔终生的蠢事。他指派手下的人潜入竞选对手总部的水门饭店，在对手的办公室里安装了窃听器。事发之后，他又连连阻止调查，推卸责任。在这次选举中他虽然获胜，但不久因水门事件被迫辞职。本来稳操胜券的尼克松，因害怕失败而导致惨败。

永不言败和善于对失败进行总结是成功者的基本特征。如果没有失败，我们就什么也学不到。有远见的企业家在选拔人才时，不仅重视一个人过去的成功，同时还重视这个人失败的经历。哈佛商学院的约翰·考科教授说："我可以想象得出，20 年前董事会在讨论一个高级职位的候选人时，有人会说：'这个人 32 岁时就遭受过极大的失败。'其他人会说：'是的，这不是好兆头。'但是今天，同一个董事会却会说：'让人担心的是这个人还未曾经历过失败。'"

可见失败并非是坏事。因为每一次失败，都孕育着成功的萌芽，每一次失败都将使你更靠近成功。如果你不曾失败过，为了成功，你也应该勇敢地去尝试一下失败的滋味。在尝试时，要告诉自己：我在什么地方跌倒了，就要在什么地方爬起来，以后也许还会跌跤，但决不会在原先的这个地方。

没有失败，就没有成功。一个失败者不一定能转变成一个成功者，但一个成功者，一定曾经是一个失败者。

成功既不像我们想象的那么艰难，失败也不像人们想象的那么可怕。它们有时就像滔滔水面上的一座很吓人的独木桥，你只要勇敢地走过去，对面等待你的就是成功。

有容纳他人的胸怀，敢于接受事实

要试着放下自己的面子，承认别人的能力，他比你强，就是比你强，承认山外有山，要有容纳他人的胸怀，要敢于接受事实。

当今的克莱斯勒汽车公司是美国三大汽车公司之一。但是谁又会想到，这家公司在 20 世纪 70 年代曾连遭挫折，到 1979 年，亏损额高达 1132 万美元，积欠各种债务高达 48 亿美元，公司濒临破产。在这种恶劣的情况之下，底特律的另一角传出一条爆炸性新闻：福特汽车公司总经理艾科卡因与董事长亨利·福特二世矛盾激化而被解职。

那时的艾科卡已有相当大的知名度。他的才能众所周知，想聘请他的公司数不胜数。其中财大气粗的国际纸张公司、洛克希德公司、沙克广播公司，都相继提出了优厚的聘用条件。在这时，克莱斯勒公司仿佛在茫茫黑夜之中看到了救星，决心聘任艾科卡这位汽车业的奇才担当本公司的总经理。克莱斯勒公司为了免遭倒闭，决定不惜一切代价去争取艾科卡。

克莱斯勒公司的董事长乔克尔恩·里卡多先是派了两位很有名望的董事前去试探。紧接着，自己又多次出马，急切地希望艾科卡能到本公司来大显身手。艾科卡被他的诚意打动了，同意应聘，但却提出了两个让一般人不可能接受的先决条件：

第一个条件是年薪不能低于他在福特公司时的 36 万美元。艾科卡要争口气，他不愿意在福特二世面前"丢人现眼"。而当时里卡多身为董事长，年薪才拿 34 万美元。这个条件对里卡多来说，确实有点为难。如果让经理拿的年薪比董事长还多，那违背公司的制度，也不符合企业界的惯常做法。为此，克莱斯勒公司专门召开了董事会，议定将董事长和总经理的年薪都定为 36 万美元。

第二个条件是他要有百分之百的自主权。艾科卡明确表示，他的条件是两年后乔克尔恩·里卡多要退出第一把交椅，由他担任董事长一职。这种情况可以说极其少见。在中国，如果哪个单位想调进一位有才干的人，而这个人开口就说，我去了要当你们的领导，恐怕是百分之百不会被接受。即使三顾茅庐的刘备也不能答应。刘备只需要诸葛亮辅佐自己，倘若后者提出要取而代之，那是断不容许的。刘备临死时，演了一段"白帝城托孤"的戏。他一把鼻涕一把泪地对诸葛亮说："犬子阿斗如果可以扶持的话，你就辅佐他。如果不堪扶持的话，你就自立为帝吧。"诸葛亮听了心如刀绞，泪如雨下，跪拜在地说："臣安敢不竭股肱之力，尽忠贞之节，继之以死乎！"刘备要的就是这句话。他知道儿子阿斗无能，而诸葛亮又是一个"士为知己者死"的人。他这么一说，就是诸葛亮有"自立为帝"的打算也不会干了。可见，刘备虽对诸葛亮言听计从，但哪怕自己死了，也不愿意把他得到的江山让给他人。乔克尔恩·里卡多在对待人才方面则更胜一筹，他听了艾科卡的条件，当场表示："只要你肯来，就让你当。"

艾科卡提出的两个条件都实现了，他也履行了自己的承诺，担任了克莱斯勒公司的总经理。艾科卡的确是一位奇才，他不负众望，很快就使克莱斯勒公司起死回生。1982 年，公司还清了 13 亿美元的短期债务，盈利 1.7 亿美元，节存现金 11 亿美元。1983 年克莱斯勒又盈利 7.05 亿美元，提前 7 年还清了政府贷款的保证金。这些卓越的成就，使得艾科卡名声大震，身价倍增。

克莱斯勒汽车公司终于走出了困境。在人们对艾科卡大加赞扬之际，也不应忘记，克莱斯勒公司之所以能渡过危机，主要原因是他们不惜代价地抢到艾科卡，这是他们的董事长的英明。

克莱斯勒汽车公司由衰败走向强盛的事例，说明一个优秀人才，在公司的核心位置上，所发挥的中坚作用是无比强大的。

而原董事长乔克尔恩·里卡多为了公司的利益不计个人得失，大度纳贤，也应为人称颂。福特却因容不得他人而使福特公司树起了一个强劲的对手，蒙受了不应受到的巨额损失。

人无完人，要认识自己，就得走出自己。不仅要有进取精神，不断自我完善，还要敢于用人之才，用人之长。只有这样，才能不断取得成功。

没有激情，就没有任何事业可言

杰克·韦尔奇在自传中写道："每次我去克罗顿维尔，向一个班级提问，拥有什么样的素质才能称得上一名'顶级的玩家'，我常常高兴地看到第一个举起手来的人说：'是工作热情。'对我来说，极大的热情能做到一美遮百丑。如果有哪一种品质是成功者共有的，那就是他们比其他人更在乎。没有什么细节因细小而不值得去挥汗，也没有什么大到不可能办到的事。多年来，我一直在我们选择的领导中挖掘工作热情，热情并不是浮夸张扬的表现，而是某种发自内心深处的东西。"

什么东西能够激发一个人为了完成一件任务可以几天几夜不眠不休，可以承受几年甚至更长的时间去做琐碎细致的工作而一直追求卓越，可以面对任何困难毫不退缩，可以面对无数次拒绝仍然不会放弃，可以不惜一切代价地去做事，可以不达目的绝不罢休？是进取的激情。

比尔·盖茨说过："每天早晨醒来，一想到所从事的工作和所开发的技术将会给人类生活带来巨大影响和变化，我就会无比兴奋和激动。"正是这种激情激励他创立了世界上著名的微软公司，使个人电脑在世界上得以普及。

萨姆·沃顿，这位沃尔玛公司的创始人，80多岁的时候，还马不停蹄地在全国巡视他那庞大的连锁店帝国。他去南美洲考察的时候，因为在超市里不断爬上爬下地测量货架之间的距离，被超市报警送到警局里。

当然，我们对于理想有自己的考虑，并不一定非要像这些大富豪一样积累巨大的财富。我们有我们自己的追求。要知道，我们来到这个世界，不是为了浑浑噩噩、稀里糊涂地度过此生，为的是要体现自己的人生价值，发挥出自己的本色，做一个最好的自己。没有人愿意虚度一生，谁都希望自己的生命充实美满，富有意义。进取之心人皆有之。可是岁月流逝，越来越多的人失去了斗志和激情。如今，我们正处在人生的创造时期，怎能失去进取之心，失去激情，麻木不仁地度过此生呢？

怎样发现和释放激情呢？

一位天主教神父到修建中的教堂工地上随便走走和工人聊聊天。他看到一个工人的工作是敲石头，就问他在干什么，这个工人便说："你没看到吗？我在敲石头啊。"神父继续走，看到另一个工人也在做同样的工作，就问他同样的问题，这个工人说："我在工作赚钱。"神父又问第三个工人，结果这位工人热切地说："我是在盖一座大教堂，以后会有很多很多人来这里做礼拜。"

热爱自己的工作，说来容易做来难，但关键在于，你要看到你所做的事情的意义和价值。如果你能换一种眼光来看待你的工作，你的感受可能就会发生变化。

你对一件事了解得越多，你就会对它越感兴趣。想想看，你对你没接触过的东西会感兴趣吗？绝对不会，甚至你可能根本没兴趣去接触它。可是，一旦你对这件事的了解多起来，你就越能发现其中的乐趣。所以，你不妨对于你的工作多做些研究，多思考其中的窍门，这是个很有效的技巧，你会发现你不仅增强了工作的技能，而且还能从工作中感受到乐趣。

没有什么工作是可以轻视的，也没有什么工作是你不能从中感受到乐趣的。很多人轻视和厌烦他们所从事的工作，他们一定会把自己的工作看成是每天在毫无意义地敲打大石头呢！想想这样的人，他们从周一干到周五，是一件多么受折磨的事情啊！还有一些人有一种浪漫主义的想法，以为只有某些行业的工作才是有意义的，比如说做律师啊，金融啊。实际上，能不能从工作中感受到乐趣和激情，这是一种能力，或者说是一种习惯。如果没有养成这种习惯，做什么工作都不可能会踏实。当你养成了这种习惯，在任何工作中你都能发现乐趣。希尔顿饭店总裁曾经说过："我们饭店最普通的工作人员都热爱自己的工作。你能想象在勤杂业的爱因斯坦吗？如果你不能想象，那你就没有资格在这个行业里混。"

火热的欲望产生激情，激情造就卓越。爱默生曾经说过："没有激情，就没有任何事业可言。"有欲望的人才会成功，你要做的就是要把这种欲望转化为熊熊的火焰，让这火焰把自己燃烧起来。

与其嫉妒，不如想办法追上对方

你也许可能遇到过下面的情况：艰苦努力之后，你把精心拟就的工作方案呈报给老板。他对你的工作成果大加赞赏，在大家的面前"拍你的肩膀"，表示重视你的才能，在会议中上上下下也都一致赞许你的真知灼见。再如，你刚好成功地完成了一项任务，使公司大赚了一笔钱，各部门主管对你另眼相看。这时的你必然是春风得意，难掩喜悦之色，大有世界都属于你的感觉，有点飘飘然了吧？但你兴奋忘形之际，也许正是你自埋炸弹之时。这实在太危险了。

有时，最好的知识就是全然不知或装作全然不知。因为我们必须和他人共同生存，而大多数人都不希望你比他们更优秀。很多时候，你真的应该：宁可与人共醉，不可独自清醒。叫别人嫉妒你，是件失败的事，它会使你不知不觉之间成为很多人的敌人。

如同事之间嫉妒的产生都是因为以下的情况："他的条件又不见得比我好，可是却爬到我上面去了！""他和我是同班同学，在校成绩又不比我好，可是竟然比我发达。比我有钱！"……换句话说，如果你升官了、受到上司的肯定或奖赏、获得某种荣誉时，那么你就有可能被同事中的某一位或多位嫉妒。女人的嫉妒会表现在行为上，说些"哼，有什么了不起"或是"还不是靠拍马屁爬上去的"之类的话，但男人的嫉妒通常放在心里，有的放在心里也就算了，有的则开始跟你作对，表现出不合作的态度。

如何才能避过这些办公室里的敌意呢？

首先，请切记别乐昏了头脑，要处处表现得虚心，不要容易满足。总之，就是采取谦让的姿态。当你像坐直升机一样，职位一天比一天高时，请仍然保持与旧同事的关系，抽时间与他们在一起聚聚。谈话时更不能自己翻那些成功史，即使别人阿谀一番，也当是耳边风好了，或者索性说："那绝非我的功劳，老板对我也是太好了。"或"多谢你的夸奖了，其实我还要更加努力，才能胜任此职。"处处表现虚心，不要颐指气使的。同事一旦对你有了偏见（由嫉妒演变而来），他日做起事来，屏障肯定更多，对你当然不是好事了。

为了达到某些目的，不少人勤于制造高帽，往"目标物"头上送。你的职权大，成为"目标物"乃是自然事。对有心者而言，他们就会有"果真如此"的想法；无心者呢，也可能产生"原来如此"的看法。总之，让人看穿了心事，自古百害而无一利。所以，凡事应该有所保留，婉转地多谢对方的褒奖："谢谢你的欣赏和鼓励，我受之有愧！"但切勿自满！

其次，热忱待人，又富幽默感的你，深得同事们爱戴，对你尊重有加。可是，一旦到了"盲目"热情的地步，就会带来隐忧。对下属，问题不会太大，只是有些人随波逐流，会形成更大的力量，但对你影响不大。问题是出在同级之间和对上司方面。先说前者，人人对你热情有加，相对之下，必然冷落其他人。受到冷淡对待，滋味一定不好受，追根究底，多少会迁怒于你。或许，在私下里，他们已经不约而同地对你有攻击之意，这就大大不妙，因为这样在工作上会造成颇多阻力。更不利的是，连上司也瞧你不顺眼，大概是怕你深得人心，将他比了下去，对他造成威胁。这样，你以为上司还会器重你，对下属大公无私吗？

最佳的办法，是全数承受了对方的夸奖，却将功劳归于整个部门："多谢夸奖，这个计划得以顺利完成，也是我们部门各位同事通力合作的成果，值得庆祝！"做出让步的姿态，对人更有礼，更客气，千万不可有倨傲的姿态。这样就可减少别人对你的嫉妒，因为你的低姿态使某些人在自尊方面获得了满足！

因此，当你一朝得意时，就应该注意几件事：

一、不要凸显你的得意，以免刺激他人，或是激起本来不嫉妒你的人的嫉妒。你若洋洋得意，那么你的欢欣必然换来苦果！

二、看看单位里有无比我资深、条件比我好的人落在我后面？因为这些人最有可能对你产生嫉妒。

三、在适当的时候适当地显露你无伤大雅的短处，例如不善于唱歌等等，好让嫉妒你的人心中有"毕竟他也不是十全十美"的幸灾乐祸的满足。

四、与心有嫉妒的人沟通，诚恳地请求他的配合，当然，也要提示、赞扬对方有而你没有的长处，这样或多或少可消除他的嫉妒。

五、观察同事们对你的"得意"在情绪上产生的变化，以便得知谁有可能嫉妒。一般来说，心里有了嫉妒的人，在言行上都会有些异常，不可能掩饰得毫无痕迹。只要稍微用心，这种"异常"就很容易被发现。

　　简而言之，遭人嫉妒绝对不是好事，必须以高姿态来化解。但话又说回来，嫉妒别人也不是好事，如果你有了嫉妒之心，又无法加以消除，那么千万不要让它转变成破坏的力量。因为这种力量会伤人也会伤己，而且嫉妒也会阻碍你的进步。因此，与其嫉妒，不如想办法追上对方，甚至超越对方。

第六章 ▷

相信自己，便无所畏惧

无论做什么事，都必须相信自己，因为相信了自己，才会有信心一直做下去，才能学会自我欣赏，才会学有所成。伴着盛开的花，蝴蝶才能快乐地飞舞；带着希望，梦想才能飞往高处；迎着温暖的风，我们不再感到孤独。用自己的实力来证明自己，不停下追逐快乐的脚步，不停下追赶幸福的步伐，最后获得最勇敢的幸福。只因相信自己，一直相信自己，便无所畏惧。

说自己行的人，往往更容易成功

　　"信念"二字，如果用拆字法来解释，信由"人""言"两字组成；念由"今""心"两字组成，我们如果把这四个字合起来一念，就是"今天我心里对自己说的话"。"我行，我一定行"，或者说"我不行，我一定不行"。这都是一个人心里对自己说的话。说自己行的人，相信自己，充满信念，他的潜意识会把成功的信念，变成成功的行动；说自己不行的人，不相信自己，就失去了信念，他的潜意识也会把他自卑的念头变成失败的行动。

　　两个赫赫有名的人物，一个相信自己，充满信念，他成功了；另一个不相信自己，迷信权威，他失败了。前者叫小泽征尔，后者叫富兰克林。

　　小泽征尔，被誉为"东方卡拉扬"的日本著名音乐指挥家，一次在欧洲参加音乐指挥家大赛。他拿到评委交给他的乐谱后，稍做准备，便全神贯注地指挥起来。突然他发现乐曲中出现了一点不和谐的地方，开始时他以为是演奏错了，就指挥乐队停下来重奏，但仍觉得不自然，他感到乐谱确实有问题。可是评委们都认为是他的错觉，说乐谱没问题。面对国际音乐界的权威人士，他难免对自己的判断产生了犹豫。这时他再三考虑，仍坚信自己的判断是正确的。于是，他斩钉截铁地大声说："不，一定是乐谱错了！"他的话音刚落，评委们立刻站起来，向他报以热烈的掌声。

　　原来这是评委们精心设计的一个圈套，以试探指挥家们在发现错误而权威人士否定的情况下，是否能坚持自己的判断。因为只有具备这种素质的人，才真正称得上是世界一流的音乐指挥家。

富兰克林是一位很有才华的生物学家，1951年，他首先发现了脱氧核糖核酸的螺旋结构，但因受到"权威"的诘难，竟然承认这个发现是错误的。后来又有两位科学家在1953年重新发现了这一结构，并获得了诺贝尔奖。富兰克林由于不敢相信自己，将自己在生物学上划时代的发现拱手让给别人，这是多么痛惜的事！

小泽征尔不盲目迷信评委，敢于公开挑战权威，不被大多数人认同的观点所左右，勇敢地发表自己的见解，这正是他的信念在起作用。富兰克林恰恰是没有经受住信念的挑战和考验，与其说他是被权威打败，还不如说他是被自己打倒。

"认为自己能行是正确的，认为自己不行也是正确的。"不论是小泽征尔，还是富兰克林，他们的结果都是按照他们心里对自己说的那样出现。很多事情"信则有，不信则无"。成功也是如此。说自己行的人，他的潜意识会把成功的信念变成成功的行动；说自己不行的人，他的潜意识也会把自卑的念头变成失败的行动。

有一首诗是这样描写的：

如果你认为被击败，那你必定被击败。

如果你认为不敢，那你必然不敢。

如果你想胜利，但你认为你不可能胜利——

那么你就不可能得到胜利。

如果你认为你会失败，那你就已经失败了。一个人的"认为"，就是心里对自己说的话。说自己不行的人，爱给自己说丧气话，遇到困难和挫折，他们总是为自己寻找退却的借口："我做了很大的努力，已经没有希望了！""我脑瓜笨，不是学数理化的料。""我天生就是个笨蛋！"殊不知，这些话正是自己打败自己最强有力的武器。

说自己行的人，在积极心态的支配下，不论遇上什么困难和挫折，都能坚持到底，永不放弃。小仲马的成功就是最好的说明。

法国著名的小说家小仲马，年轻时喜欢创作，头几年写的作品统统被编辑退了回来。他父亲大仲马怕儿子受不了打击，便建议说："你如果能在寄稿时告诉编辑你是大仲马的儿子，或许情况就会好多了。"小仲马固执地说："不，我不想坐在你的肩头上摘苹果，那样摘下来的苹果没味道。"年轻的小仲马不但拒绝以父亲的盛名做自己事业的敲门砖，而且不露声色地给自己取了十几个其他姓氏的笔名，以免让那些编辑把他与大名鼎鼎的父亲联系起来。

小仲马面对那一张张冷酷无情的退稿笺，没有沮丧，他对自己说："我能成功，一定能成功！"这些激励自己的话，排除了失望、犹豫等消极因素的干扰，使他在积极心态的支配下，产生了力量。这种力量不断地推动他去思考，去创造，去行动，去完成使命。

他的长篇小说《茶花女》寄出后，终于以其绝妙的构思和精彩的文笔震撼了一位知名的老编辑。这位编辑曾和大仲马有过多年的书信来往，他发现《茶花女》投稿人的地址和大仲马的地址丝毫不差，怀疑是大仲马另取的笔名，但作品的风格却和大仲马的迥然不同。他带着这些疑问去拜访大仲马。

令他大吃一惊的是，《茶花女》这部伟大作品的作者，竟是大仲马的儿子小仲马。"你为何不在你的稿子上署上你的真实姓名呢？"老编辑不解地问小仲马，小仲马说："我只想拥有自己真实的高度。"

小仲马的话充满了自信，难怪他能够把自己生命里的能量和积极性都充分地调动出来，化成强大的创作动力，使他奇迹般地向着自己希望的方向和目标前进。

可见，自信的产生是自我意识的选择。一个人可以选择成功的自信，也可以选择束缚自己的自卑，这一切全由自己来决定。如果你想选择自信，我建议你先弄清自己身上的优点、长处，一条一条记在心里，不断地告诉自己："我身上拥有无限的能力和无限的可能性。"当你弄清了自己的强项，选择和发挥自己最擅长的能力，也就是自己的优势潜能时，就自然产生了自信。无论发生什么事，无论处于什么境地，自信者都相信自己一定能成功。就像当年有人问康拉得·希尔顿何时得知自己将会成功。希尔顿说，当他还潦倒困顿到必须睡在公园的长板凳上时，他已经知道自己以后将会成功。因为那时他不但有了希望，有了成功的意识，他还看到自己身上具有经营管理的能力。

为什么有的人会产生自卑呢？就是因为他们两眼老盯着自己的弱项，遇事喜欢拿别人的优点长处与自己的缺点和短处相比较。原本这些不一样的东西，是不能进行比较的，越比较就越容易产生自卑；越产生自卑，就越觉得自己不行；越觉得自己不行，也就越瞧不起自己；越瞧不起自己，成功就会变得越来越难。

每个人都有自己的强项和弱项，不一定别人走的路你也走得通，不一定别人走不通的路，你就走不通。与其盲目地跟在别人的后面说自己不行，还不如仔细想想，选择适合自己的事，信心十足地对自己说："我行，我一定行！"

说自己行的人一定行，因为他坚信自己是卓越的。他们是不会自卑的或者说他们会克服自卑心理，勇往直前，坚定他们的信念，不言放弃。

自卑是阻止人类进步的最大障碍

假使我们自比为泥块，那我们将真的会成为被人践踏的泥块。

——克里亚

"天生我材必有用"李白的这句话一直到现在还被认为是最具普遍教育意义的名言，就在于它让我们觉悟到造物主育我，必有伟大目的或意志寄于生命中，而万一我不能将我的生命充分表现于至善的境地、至高的程度，这对于世界将会是一大损失。怀揣着这种意识，就一定可以使我们产生出一种伟大的力量和勇气。

对于一个人来说，如果具有坚强的自信，往往可以使平庸的男女成就神奇的事业，甚至成就那些即使天分高、能力强，但是疑虑与胆小的人所不敢染指的事业。自信心是比金钱、势力、家世、亲友更有用的要素，它是人生最可靠的资本，它能使人克服困难，排除障碍，不畏艰险。对于事业的成功，它是最有效的。

不论在什么场合，都不能表现出你自认为自己卑微渺小的容貌举止，这只会处处显得你不信任自己，不尊重自己，别人也自然不会信任你，尊重你。在这个世界上，有许多人，他们以为别人所有的种种幸福是不属于他们的，以为他们是不配有的，以为他们是不能与那些命运特佳的人相提并论的。然而他们不明白，这样的自卑自抑，自我抹杀，是会大大缩减自己生命的。有许多人常常想，世界上许多被称为最好的东西，是与自己沾不上边的，人世间种种善、美的东西，只给那些幸运的宠儿们所独享，这对于他们来讲只能算是一种禁果。他们将自己沉迷于卑微的信念之中，那他们的一生自然也只会卑微到底，除非他们有朝一日醒悟过来，敢于抬起头来要求"卓越"。这个世界上，有不少原本可以成就大业的人，但是，他们最终只得度过自己平庸的一生，平平淡淡地老死。他们之所以落得如此命运，原因在于他们对于自己的期待太小、要求太低。

固然，世人对拿破仑本身的评价褒贬不一，但是，大概没有人会怀疑他的军事天赋与他取得的令人惊叹的战果。据说，只要拿破仑亲临战场，士兵的战斗力量就会增加一倍。军队的战斗力，大部分寓于军士对其将帅的信仰中。如果统领军队的将帅显露出疑惧慌张，则全军必陷于混乱与军心动摇之中；如果将帅充满自信，则可增强部下英勇杀敌的勇气。有一次，一个士兵从前线驰归，将战讯呈递给拿破仑。因为路程赶得太急促，他的坐骑在还没有到达拿破仑的总部就倒地累死了。拿破仑立刻下了一道手谕，交给这位士兵，叫他骑上他自己的坐骑火速驰回前线。这位士兵瞧着那匹魁伟的坐骑，还有上面所配的华贵的马鞍，不由得战战兢兢地脱口而出："不，将军，我只是一个平常的士兵，这坐骑太伟大、太好了，我受用不起！"拿破仑回答他："对于一个法国的兵士，没有一件东西可以称为太伟大、太好而不能受用的！"

如果去研究、分析那些"自己创造机会"的人们的伟大成就时，可以发现，他们在出发去奋斗时，都先具备了充分信任自己的能力和坚强的自信心。他们的心向、志趣，坚定到了足以排除一切阻碍，吓退那些低估轻视自己的怀疑与恐惧，而使他们所向无敌。人的各部分的精神能力，也应像军队一样，要对主帅充满信赖——它是一种不可阻遏的"意志"。

你自信心的大小决定了你成就的大小。假使拿破仑自己以为此事太难，他的军队决不会越过阿尔卑斯山。同样，在你的一生中，假使对于自己的能力心存重大怀疑，或不自信，你也绝不可能成就伟业。如果不热烈而坚强地渴求成功，不对成功充满期待，我还不曾耳闻天下会因此有人能取得成功的。成功的先决条件，就是充满自信。支流不会高于它的源头，而人生事业的成功，也必有其源头，这个源头，就是自信。不管你的天赋有多高，能力有多大，教育程度多么精深，你在事业上所取得的成就总不会高过你的自信："如果你认为你能，你就能；如果你认为你不能，你就不能"。

在我们决定做一件事的时候，首先一定要给自己足够的信心与勇气。一个人可以给予自己很高的估价，而自信往往能助他取得胜利。在他从事事业的过程中一直充满自信，即使刚刚开始，也已取得一半的胜利，操一半的胜券了。那一切自卑、自抑阻止人类进步的障碍，在这种自信坚强的人面前，完全不起作用。永远坚信，没有什么事是我们无法完成的，这就是所谓的"有志者，事竟成"。

活在当下，不要感叹生不逢时

有些人往往有"生不逢时"的感叹，认为过去的时代都是少有的黄金时代，唯独现在的时代是不好的。这真是极大的谬误！凡是构成"现在"世界的一分子，都应当真实的生活于"现在"的世界中。我们必须去接触、参加现在的生活潮流，必须要身处于现在的文化巨浪中。

我们不应生活在"昨日"和"明日"的世界中，而应生活在"今日"的世界中。我们必须知晓今世之为何世，今日之为何日，去接触、反映现实的生活与文化的潮流，避免把太多的精力耗费在追怀过去与幻想未来的虚幻世界中。

一个人能够生活在"现实"中，充分利用"现实"，不枉费心机致力于对过去错误失败的追悔及未来的幻梦中，则要比那些只会瞻前顾后的人有用得多、生活成功而完美得多。

如果你身在一月，可千万不要因为你的幻想飞翔在二月中，从而丧失了从一月中可能得到的机遇；不要因为你对下一月、下一年有所计划和美丽憧憬，而虚度浪费了眼前这一月；不要因为目光注视着天上星光，而看不见你周围的美景，践踏了你脚下的玫瑰花束！

享受你现在所有的安乐、幸福，不要梦想着明年不可期的汽车洋房的享受；享受你今年所有的衣服，不要去妄想着明年不可期的锦绣狐裘。

你应下一个决心，去努力改善你现在所居的茅屋，使之成为世界上最快乐、最温暖的处所。你幻梦中的亭台楼阁、高大洋房没有实现之前还是请你迁就些，把你的心血灌注在你现有的茅屋中。但这并不是要你绝对不去为明天打算、对未来做憧憬，只是说，我们不应过度地把精力集中于"明天"，不应过度沉迷于"将来"的梦中，反把当前的"今日"丧失殆尽，丧失它的一切美景、幸福与机会！

请你将你的全部生命灌注于当前的"现实"中吧！假如从"今日"中，你只能获得百分之一的幸福，那你可以不必打算从"明日"中获得百分之九十九的幸福。你还是先努力一次，试从"今日"中取得百分之百的幸福吧！

　　幻想过度将使今日生活变得枯燥乏味。预测、幻想，可以使我们对于现在的社会地位与工作不感兴趣而产生厌恶情绪。它能破坏人们享受"现在"的心情和创意。

　　幸福，是由点点滴滴凝聚而成的。

　　人们有一种心理，就是想脱离现有不满的地位与职务，而在渺茫的未来生活中，寻得快乐与幸福。其实这是错误的想法。试问有谁人可以担保，只要摆脱了现有的位置，就可得到幸福呢？有谁人可以担保，今日不笑的人，明日一定会笑得开怀灿烂呢？假如我们有享乐的本能，日后也不会失去此项本能。

　　假如我们能够彻悟，只有"现在"是真实的，只有"现在"是现实的存在。彻悟到世间实际上无所谓"昨天"与"明天"，而只有"今日"是可靠的；彻悟到我们不应将我们的希望，投射于"未来"的境界，或退归"过去"的光阴；彻悟到我们的所有，只是一个永恒的"现在"，而所谓的年、月、日、时、分、秒，都只不过是这整个的永恒的"现在"之生硬的、勉强的划分！假如我们能够大彻大悟到这一点，我们的生命和欢乐与效率，真不知要增加多少倍啊！

　　不要感叹生不逢时，珍惜且充分利用你现在所拥有的一切吧。学会用积极的眼光看待人生！

除了你自己，没有任何人能够改变你

　　对于生活的各种情况，我们不能预知，但我们能够适应它。希望有积极的收获，正确的心理态度和良好的习惯不可或缺。普天之下，芸芸众生，莫不渴望实现自身的价值，莫不渴望致富，莫不渴望成功。但是，如何捕获成功，通向成功之路的起点在哪里呢？人们都在默默寻找。

拿破仑·希尔告诉人们，要想成功，首先应该认识你的隐形护身符。我们每人都佩戴着隐形护身符，护身符的一面刻着 PMA（积极心态），一面刻着 NMA（消极心态）。这块隐形护身符具有两种惊人的力量：它既能吸引财富、成功、快乐和健康，又能排斥这些东西，夺走生活中的一切。

心态是如何影响人的呢？按照行为心理学，当你有一种信念或心态后，若把它付诸行动，就能加强并助长这种信念。

当你有一个信念时，你就能够很好地完成自己承担的工作。这时你会觉得在工作中很有信心，常常这样想，并在实践中想方设法地做好工作，信心就会更强。这就是你的行动加深了你的心态。又比如说你欣赏一个人也是这样子的，你喜欢他，你就会主动与他沟通交往，之后你会不断发现这个人的优点，从而更喜欢这个人。这是情绪和行为相应的一种反映。同样，对于你自己，你很喜欢自己，或你很不喜欢自己，也是这样的。当一个心态存在以后，你的行为会加深它。因此，有的时候孩子或女人，哭起来往往是越哭越伤心，这就是哭的行为促使她发泄情绪。在这里，二者的因和果就混淆在一块了。

所以，如果你认为自己是有能力的，你就会觉得只要经过自己努力就能取得成功。因为这个世界上，除了你自己，没有任何人能够改变你；同样，除了你自己，也没有任何人能够打败你。

无论你自身条件如何恶劣，只要你运用 PMA（积极心态），并将它和其他的成功定律相结合，就可能达到成功的彼岸。反之，无论你自身条件如何优秀，机会如何千载难逢，只要你运用 NMA（消极心态），则你的失败是必然的。

美国总统富兰克林·罗斯福就是运用 PMA（积极心态）成就事业的。8 岁的富兰克林·罗斯福是一个脆弱胆小的男孩，脸上总流露着一种惊惧的表情。他呼吸就像喘气一样，如果被喊起来背诵，他会立即双腿发抖，嘴唇颤动不已，回答得含糊且不连贯，然后颓废地坐下来；如果他有好看的面孔，也许就会好一点，遗憾的是，他却长着暴牙。

一般来说，像他这样的小孩，自我感觉一定很敏锐，不喜欢交朋友，会回避任何活动，成为一个只知自怜的人！

但罗斯福却不是这样。他虽然有些缺陷，却保持着 PMA（积极心态），有一种积极、奋发、乐观、进取的心态。这种 PMA（积极心态）激发了他的奋发精神，促使他更努力地去奋斗的正是他的缺陷。罗斯福没有因为同伴的嘲笑便降低了勇气，他喘气的习惯变成一种坚定的嘶声。他用坚强的意志，咬紧自己的牙床使嘴唇不颤动而克服他的惧怕。就是凭着这种奋斗精神，凭着这种 PMA（积极心态），罗斯福终于成了美国总统。

罗斯福没有因自己的缺陷而气馁，而是加以利用，变其为资本，变为扶梯而爬到成功的巅峰。在他的晚年，已经很少有人知道他曾有严重的缺陷。美国人民都爱他，他成为美国第一个最得人心的总统。这种情况是以前从来没有过的。

他的成功是何等神奇、伟大，然而先天所加在他身上的缺陷又是何等的严重，但他却能毫不灰心地干下去，直到成功的日子到来。

像他这样的人，如果停止奋斗而自甘堕落，是相当自然而平常的事！但是罗斯福却不这么做。假使有什么可怜的地方，他就让朋友们来可怜他，他从来不落入自怜的罗网里，而正是这种罗网害了许多比他的缺陷要轻得多的人。

没有人能想象这位受到爱戴的总统，竟会有如此悲哀的童年以及如此伟大的信心。

如果他极为注意身体的缺陷，或许他会花费许多时间去洗"温泉"，喝"矿泉水"，服用"维生素"，并花时间航海旅行，坐在甲板的睡椅上，希望恢复自己的健康。但是，他不把自己当作婴孩看待，而要使自己成为一个真正的人。他看见别的强壮的孩子玩游戏、游泳、骑马，做各种极难的体育活动时，他也强迫自己去参加打猎、骑马、玩耍或进行其他一些激烈的活动，使自己变为最能吃苦耐劳的典范。他看见别的孩子用刚毅的态度对付困难，用以克服惧怕的情形时，他也就用一种探险的精神，去对付所遇到的可怕的环境。如此，他也觉得自己勇敢了。当他和别人在一起时，他觉得他喜欢他们，不回避他们。正是由于他对人感兴趣，从而自卑的感觉便无从发生。

他觉得当他用"快乐"这两个字去接待别人时，就不觉得惧怕别人了。

在他进大学之前，他通过自己不断的努力，有了系统的运动和生活，将健康和精力恢复得很好。他利用假期在亚利桑那追赶牛群、在落基山猎熊、在非洲打狮子，使自己变得强壮有力。有人会疑心这位西班牙战争中马队的领袖罗斯福的精力吗？或是有人对于他的勇敢产生过质疑吗？然而千真万确，罗斯福便是那个曾经体弱胆怯的小孩。

　　罗斯福使自己成功的方式是何等的简单，然而却又是何等的有效！这是每个人都可以做到的。

　　罗斯福成功的主要因素在于他的心态和他的努力奋斗。然而，最为重要的还是他的心态。正是他这种积极的心态激励他去努力奋斗，最后终于从不幸的环境中找到了成功的秘诀。他使用隐形护身符，把PMA（积极心态）的那面朝上，终于获得了成功。

　　"我是自己命运的主宰，我是自己灵魂的领导。"这句诗告诉我们：我们是自己态度的主宰，自然也会变成命运的主宰。态度会决定我们将来的机遇，这是行之四海而皆准的定律。这句诗也强调，无论态度是破坏性的还是建设性的，这个规律都会完全应验。运用PMA黄金定律，我们会把心中的各种念头和态度变为事实，同样地也能把富裕或贫穷的思想都变成事实。

　　在"美国联合保险公司"业务部有个叫艾尔·艾伦的人，他一心想成为公司里的王牌推销员。他把自己读过的励志书籍和杂志中所介绍的PMA（积极心态）原理拿来用。在一本名为《成功无限》的杂志里，他读到一篇题为《化不满为灵感》的社论。不久，他就有了一个施展身手的场所。

　　在一个寒风刺骨的冬天，艾尔在威斯康星市区里冒着严寒沿着一家家商店拉保险，结果一个也没有拉成。他当然非常不满意，但他的PMA（积极心态）却把不满转变成"灵感"。他突然想起自己读过的那篇社论，就决心一试。第二天从办事处出发前，他把自己前一天的失败告诉其他推销员。他说："等着看好了！今天我要再去拜访那些客户，并且会卖出比你们更多的保险。"

说也奇怪，艾尔真的办到了。他回到原来的市区里，再度拜访每一个他前一天谈过话的人，结果他一共卖出 66 个新的意外保险。

许多杰出人士共同的特征是把隐形护身符翻过来，不用 NMA 的那一面，而使用具有 PMA（积极心态）的这一面。大多数人都以为成功是透过自己没有的优点而突然降临的，或是我们拥有这些优点，却视而不见。其实最明显的往往最不容易看见，每一个人的优点都是自己的 PMA（积极心态），这一点也不神秘。

消极心态的特性都是反面的，它们是消极、悲观、颓废等不正确的心理态度。积极心态是正确的心态，是由"正面"的特征所组成的。比如信心、诚实、希望、乐观、勇气、进取、慷慨、容忍、机智、诚恳与丰富的常识等都是正面的。

在研究成功人士多年以后，拿破仑·希尔终于下了一个结论：积极的心态正是他们共有的一个简单的秘密。

有创造力的人，往往是标新立异的先锋

每一个军事爱好者一定对滑铁卢之战，尤其是对其中的巴顿将军记忆深刻。当别人问起巴顿将军胜利的秘诀时，在阐释完种种军事策略后，巴顿将军都会加上一句："我从来都没有怀疑过我会取得这场战争的胜利，即使从一开始我就知道我一定要奋勇向前，虽然敌人一直都很强大。"

在这个世界上，"奋勇向前"，是大多数成功者的秘诀。它意味着勇敢和创造力，它也是进取者必须具备的特点。在人类历史中，只有那些相信自己、做事不退缩、勇敢而富有创造力的人和那些具

有冒险精神的人，才能成就伟大的事业。毛主席从不照搬军事教科书上的战术，他虽然在一开始受到许多将士的诘难与指责，但他却能战胜强大的敌人。拿破仑并不熟知以往的一切战术，但他自己制定的新战略和新战术，竟能战胜全欧洲。美国前总统罗斯福自执政以来，绝少依照白宫前任总统们的政策方略。虽然他做过警察、公务人员、副总统、总统，但是他总是按照自己的意见去做，绝不模仿他人，终于表现出惊人的政绩，带领着美国人民走出困境。在每一个国家，每一个时代，都有靠自己闯出一条新路的伟大人物，哥白尼、伽利略、莫里斯、艾略特、斯蒂芬孙、弥尔顿、贝尔、爱迪生等等，这些都是凭着自己的路子奋勇向前的伟大人物。

自古以来，那些有毅力、有创造力的人，往往是标新立异的先锋。闯出新路的伟大人物，绝不抄袭、模仿他人，也不愿意墨守成规而使自己受到束缚；而那些懦弱胆怯而无创造力的人，永远不会打开新的出路。在我们的世界上，有创造力的人，到处都有出路，到处都需要他。但模仿者、追随者、因循守旧者，绝少有开辟新路的希望，也不会受到人们的欢迎。世界上所需要的是一批具有创造力的人，他们能脱离旧的轨道、打开新的局面。耶合力与斯图尔特在东方传教出名以后，成百上千的年轻教士们追随他们讲道的方式、态度和姿势。然而在那些年轻教士中，没有一个成功的。这便是成功绝不会出于完全模仿的例证。因为依赖他人、模仿他人的人，不论他所仿效的偶像是多么伟大，他也绝不会成功。完全的因袭和模仿不可能带来成功，只有出于自己的创造，才是真正的成功。

现在英国正式向国际社会售出31艘兵舰，以不到当初造舰费用的5%的1500万美元出售。这是为什么呢？因为这些兵舰已搁置多年，式样陈旧，所以不得不低价售出。在 500 年之后，今天最新式的机器也会被不断进步的企业家视为垃圾。可见，一切陈旧的东西都是要被淘汰的，而只有新的创造才是时代所需要的。

这个世界上的万物不断更新交替，使这个世界变得生机勃勃。试问有哪一件新事物的产生离得开古往今来的创新者呢？如果从历史中把创新者的事迹删去，谁还会去读世界历史呢？人类生活的改进、现代社会的繁荣，无一不是孕育在一批闯出新路者的脑海之中。他们还是毫不顾忌地一往无前，即使遇到困难、反抗，甚至是讥讽，还是要破除先例和旧习，创造更好的事物，使这个世界永无止境地向前进。

奋勇向前的成功者，永远向着洒满阳光的大道走去。他们不会去做已有很多人在努力的某项工作，也不会用别人所用过的方法，他只是做着他自己的事。目前世界上的种种进步，都是不断打开新局面、开辟新道路的结果，都是摒弃一切陈腐的学说、落伍的思想、愚昧的迷信而努力更新观念、不断创新的结果。所以，那些使你自己获得成功的神秘力量，其实就蕴含在你自己的身体里，蕴含在你的才能、勇气、坚韧、决心、创造力和品格中。奋勇向前冲吧，以你的才能、勇气、坚韧、决心、创造力和品格，去创造属于你自己的胜利！

不要低估自己，你本身就是造物主的一个奇迹

在人群中，不少人在童年时期未受到适当的鼓励。老师对他说：你永远不会成为一个好学生；母亲对他说：生下你来真是让我

一辈子抬不起头来。我们听说过很多这样的人，往往因为那些不恰当的言辞，就如杂草般自生自灭，平凡地度过一生。就像休息可让你恢复活力一样，自信也需要你时时培养，才能正常维持。自信是一种后天的产物，没有人天生就具有这种品德。

西方的家庭、学校教育孩子时，鼓励和表扬占了主导地位。类似于"孩子，我真为你骄傲！""我知道你会把这件事情作好。""天哪，你成功了，你太棒了！"之类的话，经常挂在西方国家父母和师长嘴边。但中国父母在少年的生活经历中，总是在挑他们的毛病，对孩子的表扬十分吝啬，而孩子也习以为常。其实这些家长是犯了最大错误的。

这种对孩子吝啬的表扬，对孩子以后的发展产生了极其不好的影响。有些人即使进入青年阶段，少年时缺少信心的阴影依旧挥之不去。在生命的旅程中，不管你碰到什么样的困难，首先要决心自己拯救自己，不要指望别人，没有人会比你更认真地对自己负责，要时刻提醒自己，最重要的看法是你对自己的看法。

这世界因有你而多一份色彩，你本身就是造物主的一个奇迹，不要低估自己，也不要忽略你的潜能。只要你付出，这世界就会为你而改变。从你生命开始那一刻起，你就在与自己对话。你的想法、你的行动与自己进行经常性的谈话，别人对你的鼓励和表扬远远比不上你自己对自己的鼓励和表扬，所以要自己鼓励自己，自己表扬自己。如果你事先肯定了自己，然后再做出对自己的鼓励和表扬，不久你就会发现，你在慢慢地进步。

要想搞清你自己心中的价值取向，坚定自己的价值观，则要先对生命进行深层次的思考。

自问为什么选择此种价值观，一旦你最终说服了自己，不管别人说什么，把你认为真实、美好、永恒、值得追求的，记下来。如果你能以自信心说服别人，在五彩缤纷的世界里，你就确立了生生不息的行动力。日久弥坚的自信心，会始终不渝的伴随着你，引领你一步步走向成功。

世界本就不完美，成功的道路上难免会失败，但是千万别因为失败而从此放弃了奋斗。失败只不过是拉开一条新的向成功迈进的起跑线。古训有：失败是成功之母。不要以失败为耻，只有失败，你才会获得新的经验，你才会有新的进步。失败一次，就表示你对即将从事的又一次向成功挑战的尝试。况且，失败还能磨炼你的意志。

人无完人，不要对自己有太过分的要求。自信心的建立，要求你经常肯定自己的成就。如果你做销售，在公司二十名销售员中排在第十，不要紧，不要灰心丧气，当然，更不能沾沾自喜。你应当这样想："我还有进步的余地，虽然我已经很不错了，努力吧！"成功，大多数情况下要求一种平衡、一种比例。你也许会在十全十美的目标下败下阵来，虽屡败屡战，而终难成胜果。可以追求完美，却莫让十全十美成为动摇自己自信心的因素。正如小时候考试，你考了 98 分，而母亲却埋怨你一处马马虎虎被倒扣了两分，因而失去了满分。不要着急，再遇到这样的情况时，告诉她，你的成绩是"A"，是"优"。

不要不屑于做小事。要知道，大事业也是小事一点点积累起来的。一些人自嘲："我根本没拿这事儿当回事儿。"对于小事都做不好，谁又敢拿大事让他做呢？做事之时，全力以赴，尽心去做这件事。每一次小成功的滋润，会让心灵中自信之树愈发茁壮挺拔。减少失败的一剂良药，就是避免让自信心去接受失败的考验，怎样才能做到这一点呢？就是在你做每一件事时，都尽力，都全力以赴。

　　每一个生命都是造物主的一个奇迹，你也是，所以不要低估自己，不要忽略你的潜能。世界因有你而多一份色彩，只要你付出，这世界会为你而改变。生活不只是有工作。时间、金钱、朋友。有时候在生活中退一步，让自己放松一下，你会发现更广阔的天地。比如，你可以散散步，游会儿泳，在阳光下念首诗，在深夜起床去看流星的陨落，闭上眼去感受晚风轻拂你的脸庞。你能这样享受你的世界中的美，该是多么幸福的事啊！不管什么时候，这个世界都会有许多你未曾体验过的和谐和伟大。世界种种生灵，都是那么的独特并充满着美好，我们能降临在这个人世间，也许已经是一种幸运了吧。

第七章

改变思维方式，转换视角天地宽

生活中，很多事物往往让我们束手无策；工作中，很多事情时常让我们踌躇无奈；人生中，很多问题常常让我们陷入困境。这时候是最考验人的，是最让人揪心和头痛的。这些考验是一个个残酷的是非题，结果也只有两种，要么是正确的，要么是错误的。做了正确的选择，就走了正确的路；反之，就走上了曲折或坎坷的道路。因此，我们需要理智地面对，培养一种良好的思维方式，一分为二地看事物。

采取恰当的方式与别人相处

人在社交场上，总会遇到各种各样怪脾气的人。如何摸透各人的秉性，采取恰当的方式与其相交相处，是一门高深的学问。下面列举 9 种不同习性的人。分别向你介绍相应的交际技巧：

1. 死板的人

这样的人往往我行我素，对人冷若冰霜。尽管你客客气气地与他寒暄、打招呼，他也总是爱理不理，不会做出你所期待的反应。其实，尽管死板的人兴趣和爱好比较少，也不太爱和别人沟通，但是，他们还是有自己追求和关心的事的，只不过别人不太了解而已。所以，在与这类人打交道时，不仅不能冷淡，反而应该花些功夫，仔细观察、注意他的一举一动，从他的言行中寻找他真正关心的事来。一旦触及他所热心的话题，对方很可能马上会一扫往常那种死板的表情，而表现出相当大的热情。

另外，与这种人打交道，更多的是要有耐心，要循序渐进。死板的人，总是希望维护好自己的内心平衡，不愿意碰到那些令人心烦的事。如果你在与他们打交道时，能够设身处地为他们着想，维护其利益，逐渐使对方去接受一些新的事物，从而改变和调整他们的心态。这样，仍然可能取得交往的成功。

2. 傲慢无礼的人

有些人往往自视甚高、目中无人，表现出一副"唯我独尊"的样子。与这种举止无礼、态度傲慢的人打交道，实在是一件令人难受的事情。可是，如果我们不得不与这种人接触，又该怎么办呢？

最合适的方式有三条：

第一，尽可能地减少与其交往的时间。在能够充分表达自己的意见和态度，或某些要求的情况下，尽量减少他能够表现自己傲慢无礼的机会。这样，对方往往也会由于缺少这样的机会而不得不认真思考你所提出的问题。

第二，语言简洁明了。尽可能用最少的话清楚地表达你的要求与问题。这样，让对方感到你是一个很干脆的人，是一个很少有讨价还价余地的人。

最后，你还可以邀请这种人从事一些无法摆谱的活动。例如，请他去跳舞，聊聊家常，唱卡拉 OK 等等。而对方一旦在你面前表现出其生活的原色，在以后的交往中，他往往不会再对你傲慢无礼。

3. 沉默不语的人

和"闷葫芦"在一起，人们总会感到沉闷和有压力。特别是对于一些性格比较外向、活跃的人来说，更是觉得难受。因而，在这种情况下，有些人为了活跃气氛，打破这种局面，故意找些话题来说。其实这是没有必要的。因为，对于沉默寡言的人来说，他们之所以这样可能是出于其有某种心事而不愿多言。在这种情况下，你应该尊重对方，不要去破坏对方的心境，让其保持自己内心选择的生活方式。相反，你如果故意地没话找话，并拼命地想方设法与对方交谈，只能引起对方的反感和厌恶。

4. 自私自利的人

自私自利的人尽管心目中只有自己，特别注重个人的得失和利益，但是，他们也往往会因利而忘我地工作。我们对他们不必有太高的期望，也没有必要希望他们能够像朋友那样以义为重、以情为重。与这类人的交往关系可以仅仅是一种交换关系，干多少活，给多少利；干得好坏不同，利也不一样。

从另一个角度说，自私自利的人也常常有他们的特点——精打细算。如果我们能够通过适当的方式，将他们这种特点加以升华，运用到某些比较合适的地方，也可以发挥其优势。例如，让这种自私自利的人干一些财务工作，在有严格约束的情况下，他们往往会成为集体的"守财奴"。这样，岂不是一件好事吗？

5. 争胜逞强的人

这种人狂妄自大，自我炫耀、自我表现的欲望非常强烈，总是力求证明自己比别人强、比别人正确。当遇到竞争对手时，总是想方设法地挤对人，不择手段地打击人，力求在各方面占上风。人们对这种人，虽然内心深处瞧不起，但是为了顾全大局，不伤害交往中的和气，往往处处事事迁就他、让着他。殊不知，那些争胜逞强的人，并不理解别人的谦让，还以为自己真的了不起，由此变本加厉地瞧不起别人、不尊重别人。对这样的人，不能一味地迁就，有必要在适当的时候，以适当的方式打击一下他的傲气，使他知道，天外有天，山外有山。

6. "狂妄"的人

自负的人一般对自己缺乏科学的评价。他们实际上并没有多少学问，往往是自我吹嘘，夸夸其谈，他们所表现的高傲、不屑一顾等神态实际上是一种心灵空虚的补充剂，以维持其虚荣心。与这些人相处的方式实际上很简单，乍看起来他们似乎视野开阔，天南地北，无所不谈，一副居高临下的样子，但只要就某一问题深入地与之探讨，他便会露出马脚。一旦露了马脚，他的威风也就自然扫地。另外，与这类人初次相处时，可以用你的常识将之"震"住。如果做到了这一点，往后的交往便迎刃而解了。

7. 搬弄是非的人

不要以为把是非告诉你的人便是你的朋友，他们很可能是希望从中得到更多的谈话材料，从你的反应中再编造故事。所以，聪明的人不会与这种人推心置腹。而令这种人远离你的办法，便是对任何有关你的传闻反应冷淡，无须做答。

如对方总是不厌其烦地把不利于你的是非辗转相告，以致对你的情绪造成很大的负面影响，你应拒绝和他见面或不接他的电话。此类人不宜过多交往。

8. 性情急躁的人

遇上性情急躁的人冒犯你，你可要严肃对待，一定要保持头脑冷静，也可以暂时置之不理，有时瞪他一眼就够了，有时一笑置之则可。这一笑，在大多数场合，可以使你摆脱尴尬的局面，避免与其发生争吵。据说歌德有一天在公园散步时，迎面碰到一个曾经对他的作品提出尖锐批评的批评家。那位批评家性情急躁，他对歌德说："我从来不给傻子让路。""而我相反。"歌德一边说，一边满脸笑容地让在一旁，于是避免了一场无谓的争吵。这种"一笑置之"的笑，可以是泰然处之的微笑，可以是表示藐视的冷笑，也可以是略带讽刺的嘲笑……

9. 城府深的人

他可能是一位工于心计的人，这种人在与别人打交道时为了获得主动，或者出于某种目的不愿让别人了解自己，往往会把自己保护起来。而且，这种人还总希望更多地了解对方，从而在各种矛盾关系中周旋，使自己处于不败之地。其次，他也可能是一位曾经有过挫折和打击，并受到伤害的人。过去的经历使他对社会、对他人有一种十分强烈的敌视态度，从而对自己采取更多的保护措施。还有一种情况，他可能对某些事情缺乏了解，拿不出有价值的意见。在这种情况下，为了掩饰自己的无知，从而以一种未置可否的方式、含糊其词的语气与人交往，并装出城府很深的样子。

显然，对第一种人，你应该有所防范，不要为之所利用，不要让他完全得知你的底细。对第二种人，则应该坦诚相见，以诚感人，对他不应有什么防范，可以毫无保留地对他敞开心扉。对第三种人则不要有什么太高的期望，也不必要求他提供某种看法或判断。

总之一句话：到什么山唱什么歌，遇到什么样的人你就用什么样的对策吧！

你的目光在哪里，你的注意力也就在哪里

命运对每个人来说，都是一个需要用一生的时间去解答的问题，既然如此，我们就不必时时把命运前程放在眼前揣摩，反正一切都会有个结果，不如看看周围自然而新鲜的世界。

眼光决定人生，这一点也不过分。拥有什么样的眼光，你就拥有什么样的人生。

你眼光独创，必然会获得成功；

你眼界狭窄，必然会把一生带进死胡同；

你眼光散漫，人生也充满了散漫与空虚。

反之，你想拥有什么样的人生，也就需要什么样的眼光。幸好，眼光是可以凭自己的努力改变的。

人面对社会，只能去适应。太强的主观能动性经常会使一个人迷失自己，以为凭自己的努力可以改变一切，到头来终会发现自己在整个社会面前只是一个微不足道的小角色，微小到如同地上的蚂蚁。用独到的眼光去得到关于自己的独到的活法，那才是我们的目的。

一个人在社会中，在事业上要取得成就、做出一定的贡献，就不能有"明知不可为而为之"的顽固想法。既然不可为、无法做，或者做不到，那就早点觉悟，立即止步。这样才不至于浪费你的时间、精力、感情，避免出现最后两手空空的结局。

变换一下思维方式，换个角度，也许会收到更好的效果。所以当个人能灵活地处理问题时，视野往往也会随之开阔。如果你对现在的视线范围不满意，请改变你的思维方式。

当你改变了思维方式的时候，会觉得眼前豁然开朗；当你又拥有另一片广阔的天空时，你的思维就会得到更多的滋养和生机。其实，做到这些并不困难，只要有意识地培养自己这样的思维方式，你就能做到。

有这么一个游戏，吃葡萄时悲观者从大粒开始吃，心里充满了失望，因为他所吃的每一粒都比上一粒小；而乐观者则从小粒开始吃，心里充满了快乐，因为他所吃的每一粒都比上一粒大。悲观者决定学着乐观者的吃法吃葡萄，但还是快乐不起来，因为在他看来他吃到的都是最小的一粒。乐观者也想换种吃法，他从大粒的开始吃，依旧感觉良好，在他看来他吃到的都是最大的。

悲观者的眼光与乐观者的眼光截然不同。悲观者看到的都是令他失望的，而乐观者看到的都是令他快乐的。如果你是那个悲观者的话不妨不换吃法，而是换种眼光吧。

站得高看得远是个永恒不变的真理，但你要先登上高峰才有这样的机会。

想要站得高，就要超越自己的眼光，超越自己的眼光，必须先得超越自己。不妨想象一下自己还没有达到的目标已经达到，那时你会拥有怎样的眼光。

有这样一个笑话，一位年近古稀的农夫说："我的力气和壮年时一样大！"别人都惊疑地看着他，他进一步解释："想想那块大石头，我壮年时抬不动，现在还是抬不动。"不要以为你的眼光没有达到某个目标就以为它一直没有改变，其实你的眼光一直在变，只是你没有察觉到而已。

也许是你给自己眼光定下的参照物在变化，所以你才忽略了变化。因此不要产生悲观的情绪，这反而会损害"视力"。

一位病人找到眼科大夫："医生，我不能念报纸。"医生给他检查以后安慰他："没关系，你的眼睛近视，配一副眼镜就可以解决问题了。"病人惊喜地问："真的吗？我配眼镜以后就可以看报纸了？"医生笑着肯定。病人戴上配的眼镜拿起一张报纸来。"医生，我还是不能念。"医生奇怪地又仔细检查了病人的眼睛："不可能呀？你真的只是近视而已。"病人回答："可是我不识字。"

所以有时是你自己没有区分"看不懂"与"看不见"之间的分别。

你把目光放在哪里，你的注意力也会集中在哪里，所以慎重选择你注视的方向。

你的时间、精力都是有限的资源，不能够供你任意挥霍，所以你最好只关注那些对你有重大意义的人或事，为一些并不重要的东西分散精力和眼力是件得不偿失的事。当然在学会关注之前你要先学会如何区分重要与不重要。

事业并不一定只是拥有雄厚实力，手下员工成百上千，呼风唤雨。对一个主妇来说，经营家庭何尝不是一种事业；对一位教师来说，桃李满天下的满园缤纷何尝不是一种事业。所以对事业的眼光，尽可能放得轻松。没有人能逼你什么，逼你的只是你对事业的偏见。

眼中的感情不仅仅有令人目眩神迷的爱情，还有血浓于水的亲情，四海之内皆兄弟的友情。缺乏任何一种感情，人生都是一种缺憾。

爱情是一种倾尽全力的付出。随遇而安的豁达和心甘情愿的勇气，没有付出的爱是虚伪的，没有得到的爱是苍白的，没有勇气的爱是可怜的。而亲情最重要的是避免伤害，因为人往往容易伤害亲人，在潜意识中亲人是最宽容的港湾。既然如此，何苦让港口支离破碎呢？友情是最奇妙的感情，有缘则聚，无缘则散的话语是友情的真谛。

不要太关注金钱的价值。套一句俗话，钱不是拿来爱的，是拿来花的。把眼光过多投注于金钱上，眼界也会变得斤斤计较起来。

当你遇到问题不能解决时，不妨从另外的一个角度去考虑，也许你会有新的收获和感悟。

睁开"第三只眼睛"，你会变得越来越聪明

据说，孔老夫子带着学生周游列国时，在一个国家饿了很多天，好不容易弄到一点米，便让颜回煮饭给大家吃。饭刚煮好，孔夫子发现颜回悄悄地抓了一把饭往嘴里塞。孔夫子很不高兴，便把颜回狠狠地训斥了一顿。颜回委屈地说："我看见饭里有一块脏东西，我怕被别人吃了，于是就自己把这块脏米饭吃了。"

这件事使孔老夫子发现，人存在偏见和主观臆断，看到的就是自己观察事物的盲点。他曾感慨地说："我们每个人都有自己观察不到的事情，遇事都按照自己的理解来加以解释，这就会发生许多误会和错误。"从此，孔老夫子对两只眼睛观察不到的地方，再也不敢匆忙下结论了。可以说，他一生的智慧，主要是靠"第三只眼睛"获得的。

我们在观察和认识事物的时候，为什么会产生盲点？

这是因为每个人头脑当中都有自己固定的思维模式。凡是符合这种习惯和模式的事物，人们对它的认识就十分清楚，而对超出这个习惯和模式的事物，人们往往会加以排斥或忽略。这是大家最容易犯的错误，就连赫赫有名的拿破仑有时也犯迷糊。

拿破仑在滑铁卢失败后，被终生流放到南大西洋的一个孤岛上。传说他的一位密友通过秘密方法送给他一副象棋。拿破仑对这副精致而珍贵的象棋爱不释手，经常一个人对弈，来消磨孤独和寂寞。

拿破仑死后，那副曾经伴随着他 5 年的象棋，多次以高价转手拍卖。这副象棋的最后所有者偶然发现，其中有一个棋子的底部可以打开，里面竟密密麻麻地写着从这个孤岛上逃出的详细计划。

拿破仑这位曾称霸欧洲的法兰西总统，在战场上叱咤风云，征服了许多国家和民族，军功显赫、权倾一时，可是最后却被习惯性的单一视角所蒙蔽。这恐怕是拿破仑一生中最大的一次失败。如果他能睁开"第三只眼睛"，就一定能看到朋友的良苦用心，发现棋子里的秘密。这样，他也许就不会死在这个孤岛上。

哲人说："你在做事时，如果只有一个主意，这个主意是最危险的。"那么我们在观察认识事物时，同样有理由认为，只有一个视角，这个视角是最容易把人引入歧途的。如果我们能睁开自己的"第三只眼睛"，就能寻找、发现不寻常的视角。用这个视角去观察寻常的事物，就使得事物显示出某些不寻常的性质。所谓不寻常的性质，并非事物新产生的性质，而是一直存在于事物之中的，只不过以前人们从未发现罢了。不寻常的视角观察到的事物虽然与别人一样，但构思出的结果却与别人不同。苹果从树上掉下来，人人都能看得到，可是牛顿却从中发现了万有引力定律。在伽利略之前很多人都看到了悬挂在比萨教堂里的油灯来回荡个不停，然而伽利略却从中获得了有价值的发现，经过潜心钻研，成功地发明了钟摆。正像罗丹所言："真正的艺术大师用自己的眼睛去看别人看过的东西，在别人司空见惯的东西上能够发现出美来。"

"第三只眼睛"还能把一个人思考研究的问题形成专一视角。这种高度统一的专一视角，能看到被别人所忽略的事物和现象。人入浴使水溢出澡盆，这平平常常的现象，是人人都遇到过的事，为什么阿基米德却从这个现象中找到鉴定王冠的方法？那是因为他一直在思索"怎样鉴定王冠"这个难题。这个难题就形成了他头脑中一个高度统一的专一视角，使他在感知观察任何外界事物和现象时，都将其纳入这个视角之中，同"鉴定王冠"联系起来，从而能够用与普通人不同的视角，来观察思考"澡盆溢水"这一司空见惯的现象。

"第三只眼睛"还能开阔我们的视野，克服思维定式，不被权威和书本中所说的事物与理论所束缚。大数学家希尔伯特曾经幽默地评价爱因斯坦的相对论，他说："我们这一代人一直在探讨关于时间和空间的问题，而爱因斯坦说出了其中最具独创性、最深刻的东西。你们可知道这里的原因吗？那是因为，有关时间和空间的全部哲学和数学，爱因斯坦都没有学过。"希尔伯特的话虽然有些夸张，但是爱因斯坦的成功，的确是因为不受习惯思维所困扰，而是在研究中睁大了自己的"第三只眼睛"，穿透事物的现象，深入到事物的内在结构和本质之中，抓住了潜藏在表象后面的更深刻、更本质的东西。

睁开"第三只眼睛"，人会变得越来越聪明，许多难做的事也会变得越来越容易。比尔·盖茨，20岁时就创立了电脑软件公司——微软。他的成功既辉煌又容易，他就是用智慧的眼睛透过云层，直接看到了通向成功的道路。正像他自己所说："财富可以靠手去赚，但更要靠脑去赚。"当年IBM公司找他为IBM的新型个人电脑写操作系统时，盖茨手头上并没有现成的程序，但他知道一家叫"西雅图电脑产品"的小公司有一种操作系统叫86—DOS。他果断地以75万美元买下这个系统，加以改写，改名MS—DOS，放到IBM公司的个人电脑中。就是这个名为MS—DOS的操作系统打下了后来的微软帝国的江山。现在 IBM 每卖一台电脑，都要付给微软版税，这项交易被称为是划时代的交易。盖茨就是通过自己的"第三只眼睛"，看准 IBM 公司的个人电脑将来会执计算机市场的牛耳，把一个实际上不属于自己的东西买下后立即卖给 IBM 公司。这么简单的交易为什么其他人就做不到？这是因为人们在观察、认识事物时习惯于把一事物与另一事物的关系固定下来，久而久之，形成思维枷锁，认为这一事物只与那一事物有联系，有关系，而看不到这一事物与其他许多事物也发生关系，也能联系在一起。

人的"第三只眼睛"，就是我们常说的"思考"。思考是每个人身上都具有的一种本能，在开发人的潜能方面，思考成功与想象成功、相信成功、行动成功一样的神奇，一样的重要。一个人要想睁开"第三只眼睛"，就要把自己的思考本能充分地发挥出来。如果你现在还不善于思考，就先从思维训练开始吧。当你研究和思考一个事物或者一个难题时，先想想这个思考对象可以转化吗？改变原样会产生什么结果？有别的东西或别的方法可以代替它吗？如果放大、加长行不行？如果缩小、变短、分割行不行？如果正反、上下颠倒过来呢？或者将它与别的东西组合在一起又怎么样？遇事你还可以把很复杂的现象看得很简单，把简单的事情考虑得很复杂，把那些陌生的事物当作熟悉的事物去认识，把熟悉的事物又当作陌生的事物来看待。你只要多用脑去想，多动手去干，就能扩展自己的思维视角，激发自己的思维潜能。这样你即便是一个资质平庸者，也会变得像天才一样，又聪明又有本事。

人之所以成为人，是因为人和其他动物有着最大的不同之处，即其他动物只长有两只眼睛，而人却长有三只眼睛。这也许是造物主的有意安排，是对人类的无比恩宠吧！人的"第三只眼睛"就是思考，它与智慧相通、与创造性思维相连，它比另外两只眼睛看到的更多、更远、更深刻。

睁开你的第三只眼吧，这样你看到的世界将与众不同。

没有反叛，便失去了创造的原动力

有这样一位画家，小时候，他为了考进美术学校，必须画好肖像画。为此他做了种种的努力：跟名师学习、参考相关书籍，并进修解剖学以及专攻眼睛、嘴的画法。有一次在画素描时，他发觉自己不知不觉中画的竟是心中熟悉的素描图示，而不是眼前模特儿的脸。他为之愕然，不明白是怎么回事。

其实不难理解，因为大多数人都有怀旧情结，喜欢传统的东西。这种情结，和面对一件古董时的心态差不多。过去经历过的一切，我们都很熟悉，是曾经引导我们战胜过无数困难、取得过无数成就的。它证明过我们的价值，为我们的人生带来过辉煌，并带着我们走向未来。所以，历史才让人怀念，往昔才令我们难以割舍。

要画真正的肖像，就必须拿开滤色镜，让心赤裸裸的、直接观看现实，尊重所绘的对象。差劲的肖像画家画的是已经存在于他心里的形象，因此，他的每一张肖像画看起来都很像。相反，杰出的画家能够抓住每个对象的特性，画出不同风格的肖像画。

在生活中，我们通常依靠图解、习惯以及从别人那里听到的事情来决定方向。根据德国科学家子乙恩的说法，在科学领域也是如此。保守的科学家在所谓的"典范"这个中心概念的范畴内活动，很少有越出传统观念的举动。

在中世纪，没有人对"地球位于宇宙中心"的说法提出异议。"典范"是为了说明现象所建构的认识体系，它同时也是一种图解。一旦出现它无法解释的现象，它就会被丢到一旁。"典范"必须由人来改变。而改变典范的这个人，他不会依赖"典范"看世界，相反，他能够从主流思想中解脱出来，甚至能够与自己保持距离。他好像是降临地球的火星人。德国剧作家布莱希特把这个体验称作"距离设定"。能够领悟这种距离设定，从不拘泥于某一规范的人，历来只是一小部分人。

因此，很多伟大的发明都是出自像爱因斯坦、马可尼这样虽然欠缺传统知识，却不像自己的老师那样有心灵障碍的青年；或者出自广泛涉猎其他学说的业余爱好者。现代统计学便是由数学不太好的遗传学者费雪所发展出来的，这是那种典型的勇于超越"典范"的人。

科学以外的其他领域也是如此，比如在政治上也有同样的情形。意大利政治上的大转变，都是由那些与主流的政治理论保持距离的人们所引发。柏希之所以能够理解意大利北部人抗议的声浪，是因为没有滤色镜、没有被蒙蔽和老套的反对标语束缚，才能倾听他们的心声。他发现所有支配、压榨社会的政党，几乎毫无例外地都把权力与资金集中到罗马，事情终结之后就分裂。因此，要破坏这些寄生的机构，就必须攻击中央集权政治。于是，他喊出了"小偷罗马"这个著名的口号，并提出了建立联邦国家的提议。

另一位卓越的改革者塞尼，为了找出解决方法，也认为必须与一般的思考方式以及政党"保持距离"，以清晰的、崭新的眼光看待这世界。他所理解的是，由于执政党死皮赖脸地活在自己制定的体制下，因此任何改革的提案都很难被接受，都会被无限延期。在这种体制下，传统的、保守的力量声势浩大。除了诉诸公民投票以废除现存体制之外，没有其他办法。他的这种提法，无疑是冒天下之大不韪，其压力可想而知。

他要坚持下去，就必须攻击整个体制赖以生存的根基。那么，是什么根基呢？根基就是依据各政党提出的名单来投票的方式。这方式必须改成盎格鲁撒克逊型的单记名投票方式。总之，必须让市民找回权利，让市民自己来判断、选择。这样，才可能实现体制上的彻底改革。

实际上，任何人如果要保持其判断的独立性，就必须打破自己的习惯和成见，才能看到别人看不到的事实，发现别人从未想过的事情，带领民众走向更高的境界。

无疑，那些能够打破成见、冲破束缚的人，都是真正有大智慧的人。他们不仅帮助民众抛掉思想上的沉渣、解脱传统礼教的捆绑，而且不断开拓自己的思维，擦亮浑浊的眼睛，修炼自己的德行，使自己站在最高处来俯视这个世界，洞察一切善恶真伪。

他们学识渊博，才干出众，但仍然时时感到不满足。总在设法突破过去的自我。他们善于捕捉各类领先的思潮，学习自己不曾涉足的知识，始终向着更远更高的目标奋进，永不停步。

这种人不管在什么领域、什么环境，不论有多么大的压力，总能对陈旧的观念发起挑战。他们勇气过人，一旦发现不利于民众利益和社会发展的缺陷，就会毫不犹豫地站出来，批驳错误的做法，提出新的发展途径，为民众的共同利益不遗余力地大声疾呼。

在一般人眼里，这种人更像是外星人，是异类动物。他们经常标新立异，突发奇想。他们所提出的方案，看似有理但又同现实格格不入，让人无法接受。

当然，也有一些性格温和的人。他们一般不会疾言厉色地提出自己的观点，但同样不拘泥成见。他们虽有不同于别人的认知和计划，却不会强加于人，而是较善于掌握众人的思想，找出病根所在，对症下药，以一种温和的方式来求得计划的实施。尽管如此，他们反潮流的特质仍会令人感到与众不同，人们或者嘲笑他们，或者激烈反对，又或者讥讽他们想出风头，认为他们是故意做出此种姿态，以引起大家的注目和抬举。

因此我们说，真正能从旧观念、旧思维中脱颖而出的人，一定是既有智慧、学识，又具有勇气、能承受各种压力的人。

如果一个人仅有新鲜的想法、独到的见地，却不愿将之表述出来，传达给大众；也不具有实施新方案的决心和毅力，那么这种人并不能算是不拘泥成见的人。为什么呢，因为他的想法往往胎死腹中，没有人知道，更不会产生任何的影响。应该说，这种人在实际行动上仍是保守的人。

现在我们迫切要做的，是给予那些真正不拘泥于成见、大智大勇的人以肯定和支持，而不是把世俗的压力强加于他们头上。

这类人存在的意义远不止于以上所述。事实上，整个人类社会的进步和科学技术的发展，有一大部分功劳应归功于他们。没有突破，自然谈不上前进；没有打破，就不可能建立新的机制；没有反叛，便失去了创造的原动力。

经济的发展，社会的进步都离不开创新；创新是社会进步，经济发展的动力。

人最怕的就是过安逸的日子

孟子说："生于忧患，死于安乐。"意思是人在困苦的环境中容易激发奋斗的力量，反而容易生存；而在安乐的环境中，因为没有压力，容易懈怠，反而会为自己带来危难。这一句话也可这么解释：人如果时刻都有忧患的意识，不敢懈怠，那么便能生存；如果耽于逸乐，今朝有酒今朝醉，那么就有可能自取灭亡！

在生物学中常常用"煮青蛙"这个实验来说明忧患意识。把一只青蛙投入沸水锅里，青蛙受到强烈刺激后，"嗖"地跑将出来逃生；另一种方法是将青蛙放在冷水里慢慢加温，青蛙意识不到危机将至，不挣扎也不跳出，等它意识到危险的时候，却已没有了逃生的能力，结果被活活烫死。

由此可以得出结论：对于青蛙来说，最可怕的是"渐变"，而不是"突变"。因为突然面临危机，青蛙可以迅速地做出应变反应，从而逃离危险；但让它慢慢地、逐渐地靠近危机，它却优哉游哉，感觉不到危机的到来，至死也毫无反应，这恐怕是已经舒服得没有反应能力了。

同样，对于每个人来说，最可怕的也是"渐变"。如果人不能时刻保持一种危机感和紧迫感，危机就会来临。人要有忧患意识，也就是要有危机意识！一个国家如果没有危机意识，这个国家迟早会出问题；一个企业如果没有危机意识，这个企业迟早会垮掉，一个人如果没有危机意识，必会遭到不可测的横祸。

伊索寓言里有一则这样的故事：有一只老虎对着树干磨它的牙，一只猴子见了，问他为什么不趴下来休息享乐，而且现在也没看到猎人！老虎回答说：等到猎人出现时再来磨牙就来不及啦！

也许你会说未来是不可预测的，"是福不是祸，是祸躲不过"。既是如此，何不一切顺其自然，又何必要有危机意识呢？没错，未来是不可预测的，而人也不是天天走好运的，就是因为这样，我们才要有危机意识，在心理上及实际作为上有所准备，好应付突如其来的变化。如果没有准备，不要说应变，光是心理受到的冲击就会让你手足无措。有危机意识，或许不能把问题消弭，但却可把损害降低，为自己找到生路！那么，一个人应如何把危机意识落实在日常生活中呢？

首先，应落实在心理上，也就是心理要随时有接受、应付突发状况的准备，这是心理建设。心理有准备，到时便不会慌了手脚。如：人有旦夕祸福，如果有意外的变化，我的日子将怎么过，要如何解决困难；世上没有永久的事，万一失业了，怎么办；人心会变，万一最信赖的人，包括朋友、伙伴变心了，怎么办；万一健康有了问题，怎么办？

其实你要想的"万一"并不只有这几样，所有的事你都要有"万一……怎么办"的危机意识，并且未雨绸缪，做好准备。尤其关乎前程与一家人生活的事业，更应该有危机意识，随时把"万一"摆在心里。心里有"万一"，你自然就不会高枕无忧！当然，这也不是说因此而时刻提心吊胆，惶惶不可终日。但你要记住，这个世界上没有一劳永逸的事情，只有"动态"的稳定，才是真正的稳定。

人最怕的就是过安逸的日子，想想有多少人因为过了多年平顺的日子，如今一遇不顺就前进后退都无路，而又不甘心沦为人人看不起的小角色，到最后他还是只能当个小角色。

对于每个人来说，最可怕的恰恰是"渐变"。如果不能时刻保持一种危机感和紧迫感，就会在危机来临时"舒服得没有反应的能力了"。

《诗经》中有这样一句话："君子终日乾乾，夕惕若，厉无咎。"大意是说君子要终日奋发努力不懈，时时警醒，这样才能处于危险地位而不会发生灾难。

要有"吃亏是福"的心态

在中国传统思想中，有"吃亏是福"一说。这是中国哲人总结出来的一种人生观，它包括了愚笨者的智慧、柔弱者的力量，领略了生命含义的豁达和由吃亏退隐而带来的安稳与宁静。与这样貌似消极的哲学相比，一切所谓积极的哲学都会显得幼稚与不够稳重以及不够圆熟。

宋代诗僧林天赐做过很多"打油诗"，都是以浅近诙谐的笔调，道出人生的智慧。是亏是福，其实往往取决于你怎么想，怎么看。若一个人处处不肯吃亏，处处想占便宜，于是骄狂之心日盛，难免会侵害别人的利益，最后纷争四起，又怎能不吃亏？

"吃亏"有两种：一种是被动的吃亏，一种是主动的吃亏。

"被动的吃亏"是指在未被告知的情形下，突然被分派了一个你并不十分愿意做的工作，或是工作量突然增加。碰到这种情形，除非健康因素或家庭因素，否则就应接下来；如果冷眼旁观周围环境，发现也没有你抗拒的余地，那更应该"愉快"地接下来。也许你不太情愿，但形势比人强，也只好用"吃亏就是占便宜"来自我宽慰，要不然怎么办呢？至于有没有"便宜"可占，那是很难说的，因为那些"亏"有可能是考验你的心志和能力，也有可能是为了重用你啊！姑且不论是否"重用"你，在"吃亏"的状态下，磨炼出了你的耐性，这对你日后做事绝对是有帮助的。此外，你的"吃亏"也会让人对你无话可说，不得不尊重你。

"主动的吃亏"指的是主动去争取"吃亏"的机会，这种机会是指没有人愿意做的事、困难的事、报酬少的事。这种事因为无便宜可占，因此大部分的人不是拒绝就是不情愿。相反，你主动争取，老板当然对你感激有加，一份情绝对会记在心上，日后无论是升迁或是自行创业，他都有可能帮助你，这是对人际关系的帮助。最重要的是，你什么事都做，正可以磨炼你的做事能力和耐力，不但懂得比别人多，也进步得比别人快，这是你的无形资产，绝不是用钱买得到的。

这是做事，那么做人呢？

做人比做事难。但如果也有"吃亏就是占便宜"的心态，那么做人其实也不难。因为人人都喜欢占别人便宜，你吃一点亏，让人占点便宜，那么你就不会得罪人，人人当你是好朋友。何况拿人手短，吃人嘴软，今天占你一点便宜，心里多少也会过意不去，只好在恰当的时候回报你。这就是你"吃亏"之后所占到的"便宜"！

"吃亏"之所以能得到"福"的赐予与安慰，无疑是由中国的哲人对"道"的领悟而来的。当中国的哲人们看到了幸福所带给人们的灾害时，就努力地提醒人们多多地注意反其道而行之。若一个人处处不肯吃亏，则处处必想占便宜，于是，妄想日生，骄心日盛。而一个人一旦有了骄狂的态势，难免会侵害别人的利益，于是便起纷争。在四面楚歌之下，又焉有不败之理？于是，像老子、庄子等人就在他们的著作中强调柔弱的力量、居下的优势和对成功的警戒。

英国的丘吉尔提到："终即始，黑夜之后必有黎明，大洋之下另有深渊。"正是从这样的角度，丘吉尔认为："最精明即最不精明，人渴望安定，却得不到安定。"他还引了一句英国北部农夫常说的话："不必祝福，事情越坏，情况越好。"

生命的运行与宇宙的运行一样，都是周而复始的，春继以夏，夏继以秋，秋继以冬，它们不断地变迁，兴衰交替。当一个人的事业达到巅峰之时，也同时意味着衰败的到来。这就像潮水，潮水涨到一定程度，就开始退潮，而潮水退尽，接着也就是涨潮，然后又是退潮。

人最难做到的，即"吃亏是福"的前提，一个是"知足"，另一个就是"安分"。"知足"则会对一切都感到满意，对所得到的一切，内心充满感激之情；"安分"则使人从来不奢望那些根本就不可能得到的或根本就不存在的东西。没有妄想，也就不会有邪念。所以，表面上看来"吃亏是福"以及"知足""安分"会予人以不思进取之嫌，但是，这些思想也是在教导人们做一个清醒正常的人。因为，一切的祸患，不都是在于人的"不知足"与"不安分"或者说是不肯吃亏吗？

"吃亏就是占便宜"，年轻人尤其要牢记。因为这是累积工作经验，充实做事能力，扩张人际网络最好的方法，如果样样想占便宜，那就要吃大亏了！

了解了这样的道理，人与人之间的你争我夺，得与失的忧虑，就会消失于无形，而这种思想也能在人们心中播下它知足和乐天的种子。吃了一次亏，聪明的人就会从中学到智慧，体悟人生，得到一个大道理——福祸相随，从而知足常乐，调整自己，使自己一辈子幸福。"吃亏就是占便宜"不是没有道理的，所以建议你，用"吃亏就是占便宜"的态度来做事，保证你受益无穷。

人们总是相信一切都能通过努力而得到改变，但也有些人认为，人的一切努力都是徒劳的。这两种不同的思想放在一起，就产生了中国思想中一种不朽的东西，即宁愿吃一些亏，以换来非常难得的和平与安全。

生命如此短暂，别为小事烦恼

爱默生说过一个很有意思的故事。

在科罗拉多州朗峰的山坡上，躺着一棵大树的残骸。植物学家告诉我们，它曾经有四百多年的历史。也就是说，它初发芽的时候，哥伦布刚在美洲登陆。第一批移民到美国来的时候，它才长了一半大。在它漫长的生命里，曾经被闪电击中过十四次；四百年来，它战胜了无数狂风暴雨的侵袭。然而这个巨人的不幸来自于一小队蚁虫的攻击，最后，它再无招架之力，倒在了地上。那些蚁虫从根部往里面咬，就只靠它们很小、但持续不断的攻击，渐渐伤了树的元气。这样一个森林里的巨人，岁月不曾使它枯萎，闪电不曾将它击倒，狂风暴雨没有把它摧垮，却因一小队用拇指就可能捏死的小蚁虫而终于倒了下来。

我们难道不都像森林中的那棵身经百战的大树吗？我们也经历过生命中无数狂风暴雨和闪电的打击，并坚强地挺过来了。可是我们有些人却让自己的心被忧虑的"小蚁虫"咬噬得伤痕累累。

想克服由一些小事情所引起的困扰，只要把自己的看法和重点转移一下，就能得到一个新的、令自己开心一点的看法。

下面这则戏剧性的故事可能会让你产生许多联想。故事的主人公名叫摩尔，他讲述了自己的一次难忘的经历：

二战期间，有一天，我和战友所在的潜水艇被日本舰队瞄上了。对方的火力很猛，我们肯定打不过。为了保存实力，我们只好把潜水艇降到了深处。为了保持绝对的静默，我们关闭了所有的电扇、整个冷却系统和所有的电机。

刹那间，突然天崩地裂，几枚深水炸弹在我们四周爆炸开来，我吓得几乎无法呼吸："这回死定了。"电扇和冷却系统都关闭之后，潜水艇的温度一下子升得很高，可是我怕得全身发抖。我的牙齿不停地打战，不得不又多穿了件衣服。攻击持续了长达15个小时之久。这15个小时的攻击，感觉上就像持续了15年。过去的生活一一浮现在我眼前，我脑海里闪现出了以前做过的许多错事：我曾经为一些毫无根据的小事而担心。我曾是一个银行职员，曾经为工作时间太长、薪水太少、没有升迁机会而发愁。我曾经因为我没有办法买房子、没钱买部新车、没钱给我太太买漂亮的衣服而忧虑。我非常讨厌老爱找我麻烦的老板。我还记得，每晚回到家的时候，我总是感到又累又难过，常常跟我的太太为一些鸡毛蒜皮的小事吵架。我甚至为我额头上因车祸留下的伤疤而陷入极度的忧虑。几年前，那些让人发愁的事在我看起来都是大事，但是同这生死攸关的

15 个小时比起来，这些事情又是那么的微不足道。

就在那时候，我答应自己，如果我还有机会再看一眼太阳和星星的话，我永远不会再忧虑了，永远不会！永远也不会！在潜水艇里面那 15 个可怕的小时里，我领悟到的，比我在大学念了四年书所学到的东西要多得何止上千倍！

哈伯德上将在环境恶劣的极地发现一个现象：他的手下能够毫不埋怨地面对危险而艰苦的工作，却有些人在为一些琐事而整天计较。哈伯德上将说："我知道有好几个同室的人彼此不讲话，因为怀疑对方把东西乱放，占了他们自己的地方。我还知道，队上有一个讲究所谓空腹进食、细嚼慢咽的家伙，每口食物一定要嚼过 28 次才吞下去。而另外有一个人，一定要在大厅里找到一个看不见这家伙的位子坐着，才能吃得下饭。"

"在南极的营地里，"哈伯德上将说，"像这类的小事情，都可能把最富有训练经验的人逼疯。"

当然，哈伯德上将在这里还可以加上一句话："小事"如果发生在夫妻的家庭生活中，搞不好也会把人逼疯。

芝加哥的约瑟夫法官在裁判过四万多件不愉快的婚姻案件之后，说道：婚姻生活之所以不美满，通常都是因为一些鸡毛蒜皮的小事情而造成的。

罗斯福和他夫人刚结婚不久，她的夫人天天都在烦闷，因为她的新厨师做饭很差。"假如事情发生在现在"，罗斯福夫人说，"我就会耸耸肩膀把这事给忘了。"好极了，这才是一个成年人的做法。就连凯瑟琳这个最专制的女皇，在厨师不小心把肉烤焦的时候，通常也只是一笑置之。

伦琴曾到芝加哥一个朋友家里吃饭。配餐的时候，他有些小事情没有做对。大家当时没有注意到，就算注意到，也不会在乎的。可是他太太看见了，马上当着众人的面跳起来指责他。"伦琴"，她大声叫道，"看看你做了什么！难道你就永远也学不会如何配餐吗？"

然后她对众人说："他老是犯错，根本不专心。"可能伦琴确实如此，但是他的朋友仍然佩服他能够跟他太太相处二十年之久。其实，许多丈夫情愿只吃一两个抹上芥末的热狗——只要能吃得很舒服——而不愿一面听妻子唠叨，一面吃烤鸭和鱼翅。

大家都知道在法律上的一条格言："法律不会去管那些小事情。"一个人总不该为一些小事斤斤计较、忧心忡忡，如果他希望求得心理上的平静、快乐的话。

很多时候，要想克服由一些小事情所引起的困扰，只需将你的注意力的重点转移开来，给自己设定一个新的、能使你开心一点地看问题的角度与方法，就可以了。

荷马是个作家，写过几本专著。他为我们举了一个如何克服小事惹来的烦恼的好例子。

他原来在纽约一家公寓里创作自己的文学作品时，常被公寓热水器的响声吵得几乎要发疯。蒸汽有时突然会砰然作响，然后又是一阵刺耳的声音，而他会坐在书桌前气得直叫。

有一次，他同几个朋友一起出去野营。听到木柴烧得很响时，他突然想道：这些声音多么像热水器的响声，为什么我会喜欢这个声音，而讨厌那个声音呢？他回到家以后，对自己说："火堆里木头的爆裂声，是一种很好听的声音，热水器的声音也差不多。我该埋头大睡，不去理会这些噪声。"结果，他果然做到了。"头几天我还会注意热水器的声音，可是不久我就把它们整个给忘了。"他说道。

其他很多的小忧虑又何尝不是如此。我们由于讨厌它们，而把自己搞得心力交瘁，多是因为我们过分强调了那些小事对自己的重要性。

狄斯雷利说过："生命太短促了，哪容得我们再去顾及一些小事。"

可是，就像基朴林这样有名的人，有时候也会忘了"生命是如此短促，不能再顾及小事"。其结果呢？他和他的妻弟打了一场佛蒙特有史以来最有名的一场官司。这场官司打得有声有色，后来被写成一本书记载下来。故事是这样的：

基朴林和他的妻弟莱斯蒂尔是好朋友，他们一起工作，一起娱乐。一次，基朴林从莱斯蒂尔手里买了一些地，协议中说莱斯蒂尔每一季都可以在那块地上割草。有一天，莱斯蒂尔发现基朴林在那片草地上建了一个花园。他生起气来，暴跳如雷，基朴林也反唇相讥，佛蒙特被他们闹了个天昏地暗。

数天之后，基朴林骑着他的脚踏车出去玩的时候，他的妻弟突然驾着一部马车从路的那边转了过来，逼得基朴林从车上摔了下来。基朴林，这位曾经写过"众人皆醉，你应独醒"的人却也昏了头，把莱斯蒂尔告到法院，使莱斯蒂尔被抓了起来。接下来是一场很热闹的官司，大城市里的记者都挤到这个小镇上来，新闻传遍了全世界。最后，这一切使得基朴林和他的妻子永远离开了他们在美国的家。要知道，这一变故的原因，只不过为了一件很小的事。

由此可见，要想保持平安快乐，就不要让自己因为一些应该抛开和忘记的小事来烦心。生命如此短促，何必要为小事烦恼？

第八章 ▷

善解人意，别害怕拒绝

不懂拒绝，其实是得了一种叫"不好意思"的病。过度友善的人，不忍或害怕拒绝别人，他们总是怀抱善意，宁可牺牲自己的时间、精力，也不想让别人失望。然而，害怕拒绝，害怕让别人失望，也是一种自卑。一个完全不懂拒绝的人，也不可能赢得真正的尊重。不懂拒绝的人，应该早日学会狠下心肠。

怎样说"不"也是一门学问

对于许多人来说，拒绝别人是一件很难办的事。当别人向他们提出要求时，他们不好意思张口说"不"，因为这样很可能会伤害对方的感情，造成两个人的关系疏远。但是有时如果答应别人的要求自己又确实有难处，或者自己会丧失许多东西。许多人在面对这种矛盾时都十分苦恼，不知该怎样办？

其实，在自己确有难处，或者如果答应别人的要求，自己的利益会损失很大的情况下，我们就应该拒绝别人。但是拒绝别人也要考虑对方的情感，尽量做到不伤害双方的感情。怎样说"不"也是一门学问。

我们在拒绝别人时应该注意不使他们的面子受损。如果既拒绝了别人的要求，又让他们丢了面子，那么他们心中产生不满之情是在所难免的。可是如果在拒绝别人要求时，不让对方丢面子，使别人非常体面地接受拒绝，结果可能会大不相同。

三国时期，华歆在孙权手下时，名声很大，曹操知道后，便请皇帝下诏招华歆进京。华歆起程的时候，亲朋好友千余人前来相送，赠送了他几百两黄金和礼物。华歆不想接受这些礼物，但他想如果当面谢绝肯定会使朋友们扫兴，伤害朋友之间的感情。于是他便暂时来者不拒，将礼物统统收下来，并在所收的礼物上偷偷记下送礼人的名字，以备原物奉还。

华歆设宴款待众多朋友，酒宴即将结束的时候，华歆站起来对朋友们说："我本来不想拒绝各位的好意，却没想收到这么多的礼物。但是，匹夫无罪，怀璧其罪。想我单车远行，有这么多贵重之物在身，诸位想想我是否有点太危险了呢？"

朋友们听出了华歆的意思，知道他不想收受礼物，又不好明说，使大家都没面子。他们内心里对华歆油然而生一种敬意，便各自取回了自己的东西。

假使华歆当面谢绝朋友们的馈赠，试想千余人，不知道要推却到什么时候，也不知要费多少口舌，搞得大家都很扫兴，使大家都非常尴尬。而华歆却只说了几句话便退还了众人的礼物，又没有伤害大家的感情，还赢得了众人的叹服，真可谓一箭三雕。华歆为什么能够成功地谢绝馈赠呢？这主要是因为华歆注意保全朋友们的面子。他在拒绝朋友时，没有坦言相告，而是找了一个关于自己人身不安全的理由，虽然朋友们都知道他是在故意推辞，但不会以此为意。因为华歆委婉地拒绝并没有让他们丢面子，也没有令他们跌份。

"不"字谁都会说，但怎样说才能既不伤害对方，又不使自己为难，却不是每个人都能做得到的。王丽是个善良、腼腆的女孩，同事们都喜欢她，有事也愿意找她帮忙。有人给王丽介绍了个男朋友，约好星期天在公园见面。星期六晚上，正当王丽为明天穿什么衣服赴约而伤脑筋时，同宿舍的小林要王丽明天陪她上街采购新房用品，这可叫王丽为难了。明天的公园会面对王丽来说无疑是十分重要的，可小林是她很要好的朋友，朋友布置新房理应出点力。但如果拒绝了小林的事，她会不会生自己的气呢？

生活中，我们每个人都会遇到王丽这样的难题。对于别人的请求，出于理智的考虑本应拒绝，可"不"字又难出口，有的人拒绝方式生硬，结果使多年的朋友彼此疏远了；有的人明明没法办到也不忍拒绝别人，勉为其难，无形中增加了自己的压力和心理负担，费了半天劲，事情也没办成。真是费力不讨好，还在无形中损害了自己的声誉和形象。可见，拒绝他人实在是人际交往中不容忽视的一个内容。这里告诉你一些巧妙而委婉的拒绝方式，帮助你摆脱困境。

（1）以非个人的原因作借口。拒绝他人，最困难的就是在不便说出真实的原因时又找不到可信而合理的借口，那么，不妨在别的人身上动脑筋，比如借口你的家人方面的原因。一位生活惬意的家庭主妇自称她的生活之所以能如此安宁，就是因为她能巧妙地拒绝。当一个推销员敲她家门时，她的态度礼貌而坚定："我丈夫不让我在家门前买任何东西。"你瞧，我不买你的商品，不是因为我不愿意掏腰包，而是因为我那个有点古怪的丈夫。这样一来，推销员既不会因为没买他的商品而怨恨你，同时也感到再说下去也是白费口舌，只好作罢。

（2）明确表示你很愿意满足对方的要求。当有人请求你的帮助时，在力所能及的范围内，应该尽量给予帮助。但碰上实在无能为力的事，你无法给予对方帮助时，也不要急于把"不"字说出口。不要使对方感到你丝毫没有帮助他解决困难的诚意，否则，你在别人眼中会是一个自私而缺乏同情心的人。自由保险公司的蒂姆·盖门是专门处理客户赔偿要求事务的，他的工作决定了他要经常拒绝客户的要求。然而，他总是对客户的要求表示同情，并解释说，从道义上讲他同意对方的要求，可自己实在是心有余而力不足。由于拒绝得法，蒂姆的工作干得很出色。同样，当别人有求于你而你又无能为力时，先不忙拒绝他，而是要耐心地倾听他的陈述，对他所处的困境表示同情，甚至可以给他提些建议，最后告诉他，你实在无法帮他。对方绝不会因此而生气，反而会被你的诚意所感动。

（3）通过诱使对方否定自己的提议来达到拒绝的目的。当别人向你提出不合理的要求时，不要简单地拒绝他，而应该让他明白他的要求是多么荒唐，从而自愿放弃它。一位业绩卓著的室内装饰专家声称，对于用户不合实际的设想，他从不直截了当地说"不行"，而是竭力引导他们同意他希望他们做的事情。一位妇女想要用一种不合适的花布料做窗帘。这位装饰专家提议道："我们来看看你希望窗帘布置达到什么效果。"接着，他大谈什么样的布料做窗帘才能与现代装饰达到最好的和谐。很快，那位妇女便把自己的花布料忘了。

（4）在拒绝对方的同时，说明对方为得到其所求还应做些什么。这一点对担任领导职务的人尤其重要。比如你的属下向你提出的要求得不到你的满意答复，你不妨告诉下属努力的方向，使他始终看到希望。与此相比，你的拒绝就显得微不足道了。这样既不会挫伤他的自尊心，也不会伤害你与下属之间的感情。《成功的人际关系》一书的作者，美国的威廉·雷利博士在谈及怎样处理下属希望晋职而他本身的条件又不够的情况时，曾建议企业主管这样说："是的，乔治，我理解你希望得到提升的心情。可是，要得到提升，你必须先使自己变得对公司更重要。现在，我们来看看对此你还要干点什么……"

（5）用最委婉、和气的方式来表达你的不同意见。一位热情奔放的老妇人决定与年轻的女邻居交朋友，她发出邀请："欣迪，你明天上午到我家来玩，好吗？"欣迪脸上露出温和、宽厚的笑容说："不行啊！"她的拒绝既友好又温情，但态度又是那么坚决，而老妇人只好作罢。所以，当别人的请求你无法满足，而又不能或无须找任何借口时，就用最委婉、最友善、最真诚的语言拒绝他，不留任何回旋的余地。你会发现，学会说"不"，会使你的生活更轻松、更成功。

对于不合理的请求，如何拒绝

所谓不合理请求，就是对于请求者所请求的事情，自己无法接受。因而对于不合理的请求，理所当然应该拒绝，但为了不伤和气，就要掌握一些拒绝他人不合理请求的谈吐艺术。

1. 物理法

所谓物理法，就是以"物理条件无法更改"作为挡箭牌，来拒绝对方的要求。一般作为物理理由的是空间和时间的界限，因为这两者都具有难以为人所左右的特性，所以，当你以物理界限为由拒绝时，请求者是束手无策的。

有个衣冠不整的人来到某个大饭店投宿，柜台人员打量他的穿着后，如果说："本店不收留可疑人物。"这很可能会引发一场纠纷。但如果说："真抱歉，房间都已客满，欢迎下次光临。"就不会遇到什么麻烦了。

2. 模糊法

所谓模糊法，就是用模糊语言来拒绝他人的请求，这种方法看似对请求者有了交代，但实质上信息为零，效果也为零。

1945 年，美国在日本投下了两颗原子弹后，美国新闻界谈论的突出话题就是猜测苏联有没有原子弹以及有多少原子弹。因此，当苏联外长莫洛托夫率代表团访问美国时，在下榻的宾馆，便被记者们团团围住了。有记者问莫洛托夫："苏联有多少原子弹？""足够！"莫洛托夫绷着脸仅用了一个英语单词回答。莫洛托夫回答的"足够"，就是模糊语言。它从表面上看，是回答了记者的请求，但实际上，记者们并没有得到真正的信息。莫洛托夫的拒绝可谓一箭双雕：既回避了有多少颗原子弹这个当时不便公开的秘密，又表示了苏联人民的自尊和力量。

3. 推诿法

所谓推诿法，就是以别人的身份表示拒绝。这种方法看似推卸责任，却很容易被人理解：既然爱莫能助，也就不便勉强。

有个女孩子是个集邮爱好者，她的几个好朋友也是集邮迷。一天，有个小朋友向她提出要换邮票。她不同意换，但又怕小朋友不高兴，便对小朋友说："我也非常喜欢你的邮票，但我妈不同意我换。"其实她妈妈从没干涉过她换邮票的事，她只不过是以此为借口，但小朋友听她这样一说，也就作罢了。

4. 搪塞法

搪塞法，顾名思义，就是用一些没有多少价值的东西去敷衍塞责。

所以，大胆地说出"不"字，是相当重要却又不太容易的课题。有人喜欢你直截了当地告诉他拒绝的理由；有人则需要以含蓄委婉的方法拒绝，各有不同。

以下是几种如何说"不"的建议：

直接分析法：直接向对方陈述拒绝对方的客观理由，包括自己的状况不允许、社会条件限制等。通常这些状况是对方也能认同的，因此较能理解你的苦衷，自然会自动放弃说服你，并觉得你拒绝得不无道理。

巧妙转移法：不好正面拒绝时，只好采取迂回的战术。转移话题也好，另有理由可以，主要是善于利用语气的转折——温和而坚持——绝不会答应，但也不致撕破脸。比如，先向对方表示同情，或给予赞美，然后再提出理由，加以拒绝。由于先前对方在心理上已因为你的同情使两人的距离拉近，所以对于你的拒绝也较能以"可以体会"的态度来接受。

不用开口法：有时开口拒绝对方也不是件容易的事，往往在心中演练 N 次该怎么说，一旦面对对方又下不了决心，总是无法启齿。这个时候，肢体语言就派上用场了。一般而言，摇头代表否定，别人一看你摇头，就会明白你的意思，之后你就不用再多说了，面对推销员时，这是最好的方法。另外，微笑中断也是一种掩体的暗示。当面对笑容的谈话，突然中断笑容，便暗示着无法认同和拒绝。类似的肢体语言包括，采取身体倾斜的姿势、目光游移不定、频频看表，心不在焉……但切忌伤害对方自尊心。

一拖再拖法：如果已经承诺的事，还一拖再拖是不明智的。这里的一拖再拖法指的是暂不给予答复，也就是说，当对方提出要求是你迟迟没有答应，只是一再表示要研究研究或考虑考虑，那么聪明的对方马上就能了解你是不太愿意答应的。其实，有能力帮助他人不是一件坏事，当别人拜托你为他分担事情的时候，表示他对你的信任，只是自己由于某些理由无法相助罢了。但无论如何，仍要以谦虚的态度面对，别急着拒绝对方，仔细听完对方的要求后，如果真的没法帮忙，也别忘了说声"非常抱歉"。

总之，人在社会中、生活中，总会要拒绝某些人或事，所以，就要学会拒绝的技巧。聪明的你，看过上述方法，一定有所收获吧。

不能伤和气，拒绝别人要委婉

明确直言的拒绝，有时会让自己感到过意不去，也令对方感到尴尬。这就需要采用一些巧妙委婉的拒绝方式，既表达了自己的愿望，又将对方失望与不快的情绪控制在最小范围内，不影响彼此之间的人际关系。

委婉拒绝需要讲究艺术，那么委婉拒绝都有哪些技巧呢？

1. 暗示拒绝

通过身体姿态或非直接的语言把自己拒绝的意图传递给对方。当想拒绝对方继续交谈时，可以借助于转动脖子、用手帕拭眼睛、按太阳穴以及按眉毛下部等漫不经心的小动作。这些动作释放着一种信号：我较为疲劳、身体不适，希望早一点停止谈话。显然，这是一种暗示拒绝的方法。此外，微笑的中断、较长时间的沉默、目光旁视等也可表示对谈话不感兴趣、内心为难等心理。也可以是语言暗示，如："找我有什么事吗？我正打算出去。""还要给你添点茶吗？"从而间接表达拒绝的愿望。

2. 转换话题

对方提出某项事情的请求，你却有意识地回避，把话题引到其他事情。这样，既不使对方感到难堪，又可逐步减弱对方的祈求心理，达到委婉谢绝的目的。

在日本有这样一个故事，很能给人启发：

一位名叫宫本的青年去拜访山田先生，想将一块地产卖给他。

山田听完宫本的陈述后，并没有做出"买"或者"不买"的直接回答，而是在桌子上拿起一些类似纤维的东西给宫本看，并说："你知道这是什么东西吗？"

"不知道。"宫本回答。

"这是一种新发现的材料，我想用它来做一种汽车的外壳。"山田详详细细地向宫本讲述了一遍。山田先生讲了十五分钟之多，谈论了这种新型汽车制造材料的来历和好处，又诚恳地讲了他明年的汽车生产计划。山田谈的这些内容宫本一点也听不懂，也摸不着头脑，但山田的情绪感染了宫本，他感到十分愉快。在山田送宫本时顺便说了一句：不想买那块地。

山田的高明之处在于他没有一开始就回拒宫本。如果那样，宫本就一定会滔滔不绝地劝说他买那块地。而山田采取了回避的态度，把话题引到其他地方，没有给他劝说的时间，在结束谈话时拒绝，不失为高明之法。

3. 先肯定后否定

对对方的请求不是一开口就说"不行"，而是表示理解、同情，然后再据实陈述无法接受的理由，获得对方的理解，自动放弃请求。

赵亮和张谦是大学同学，赵亮这几年做生意虽说挣了些钱，但也有不少的外债。两人毕业后一直无来往，忽一日赵亮向张谦提出借钱的请求，张谦很犯难：借吧，怕担风险；不借吧，同学一回，又不好张口。思忖再三，最后张谦说："你在困难时找到我，是信任我，瞧得起我，但不巧的是我刚刚买了房子，手头一时没有积蓄，你先等几天，等我过几天账结回来，一定借给你。"

4. 引荐别人，转移目标

实事求是地讲清自己的困难，同时热心介绍能提供帮助的人。这样，对方不仅不会因为你的拒绝而失望、生气，反而会对你的关心、帮助表示感谢。

马老师是五年级一班的班主任，她的独生子今年又中考，负担挺重，恰巧班上新转来一名学生，课程拉下一段，学生家长很信任马老师，想请马老师为孩子补补课。马老师腾不出身，很不好意思。她对家长说："真对不起，我实在有点腾不出身来，这样吧，我有个小侄女刚毕业分到某小学工作，让她帮助给孩子补课可以吗？"家长听了非常高兴。

5. 缓兵之计

对方提出请求后，不必当场拒绝，可以采取拖延的办法。你可以说："让我再考虑一下，明天答复你。"这样，既使你赢得了考虑如何答复的时间，又使对方认为你是很认真地对待这个请求。

刘源一心想当一名记者，于是想从学校调到某报社工作，她找到了她小学老师的丈夫——某报社孙总编，孙总编知道报社现在严重超编，但又不好直接拒绝，于是对刘源说："刚刚超编进来一批毕业生，短期内社里不会研究进人的问题了，过一段时间再说吧。"孙总编没说这事绝对不行，而是以条件不利为理由，虽然没有拒绝，但为后来的拒绝埋下了伏笔。

在工作中学会说"No"

上班族在工作中总要面对同事、客户与主管的许多要求。有时碍于公司规定或是工作负荷，必须拒绝。但在生活中，没有人喜欢被拒绝。因此拒绝时先不要急切、直接地表达自己的立场与处境。否则，轻则影响往后的合作与相处，重则让人觉得你不够大方。降低拒绝产生的负面效应，需要技巧。

面对同事和客户时，我们应该这样做：

1. 先倾听，再说"不"

当你的同僚或客户向你提出要求时，他们心中通常也会有某些困扰或担忧。拒绝之前先要倾听。倾听有好几个意义，倾听能让对方先有被尊重的感觉，在你委婉地表明自己拒绝的立场时，也比较能避免伤害他的感觉，否则让人觉得你在应付。

比较好的做法是，请对方把处境与需要讲得更清楚一些，自己才知道如何帮他。接着表示你了解他的难处，若是你易地而处，也一定会如此。如果你的拒绝是因为工作负荷过重，倾听可以让你清楚地界定，对方的要求是不是你分内的工作，或者是不是包含在自己目前重点工作范围内。

2. 委婉表达拒绝

倾听的另一个好处是，你虽然拒绝他，却可以针对他的情况，建议如何取得适当的支援。若是能提出有效的建议或替代方案，对方一样会感激你。如果在你的指引下找到更适当的支援，反而事半功倍。

当你开始说"不"的时候，态度必须是温和而坚定的。好比同样是药丸，外面裹上糖衣的药，就比较让人容易入口。

同样地，委婉表达拒绝，也比直接说"不"让人容易接受。

当对方的要求不合公司或部门规定时，就委婉地表达自己的权限，让他清楚自己工作的职责，以及耽误工作会对公司与自己产生怎样的冲击。

对方若是因为你的拒绝，表现出愤怒态度或威胁时，你不需要立刻回应，而要多用同情心来缓和他的不满。

3. 多一些关怀与弹性

有时候拒绝是一个漫长的过程，对方会不定时提出同样的要求。若能化被动为主动地关怀对方，并让对方了解自己的苦衷与立场，则可以减少拒绝的尴尬与影响。当双方的情况都改善了，就有可能满足对方的要求。例如，保险业工作者面对顾客要求，自己却无法配合时，这种主动的技巧更显重要。

上述的拒绝过程中，除了技巧，更需要发自内心的耐性与关怀。若只是敷衍了事，对方其实都看得到。这样子有时更让人觉得你不是个诚恳的人，对人际关系伤害更大。

常常会遇到这样的情况：老板叫你干一件事，你马上应承下来，即使这件事不该你做，或超过了你的负荷。也许是慑于老板的压力，也许是出于其他的某种考虑，你往往不会去拒绝。

其实，在生活中，我们应该学会对老板说"No"。我们应该这样做：

1. 工作任务重，不胜负荷

当上司把大量工作交给你，使你不胜负荷时，你可以请求上司帮你定出先后次序："我有三个大型计划，十个小项目，我应先处理什么呢？"只要上司懂得体会你的意图，自然会把一些细枝末节的工作交给别人处理。

2. 对新任职务不感兴趣

当上司器重你并将你连升两级，但那职务并不是你想从事的工作时，你可以表示要考虑几天，然后慢慢解释你为何不适合这工作，再给他一个两全其美的解决方法："我很感激您的器重，但我正全心全意发展营销工作，我想为公司付出我的最佳潜能和技巧，集中建立顾客网络。"正面地讨论，可以使你被视为一个注重团体精神和有主见的人。

3. 因个人原因，未能应付额外工作

告诉上司你的实际情况，然后保证会尽力把正常的事务处理好，但超额的工作则不能应付了。上班时你要全力以赴，表现出极高的工作效率。假如你在家庭出现危机时仍能完成工作，上司会觉得你很敬业。

4. 对规定的工作期限有异议

当老板定下"疯狂"的工作期限时，你只需解说这项工作内容的繁重，并举例说明同样的工作量需要老板规定的限期的几倍，给老板一定的考虑和决断的时间后，再要求延期。假若限期真的铁定不改，那就请求聘请临时员工。上司可能欣赏你的坦率，你可能被认为既对完成计划有实际的考虑，又对工作有一种积极的态度；不少上司都表示会晋升那些可以准确估计完成工作时间的员工。当然倒霉的时候也有，那就是被视为低效率。不过这样的老板早晚也会让你失望的，因为他心中没数儿。

5. 不想按上司的意图做非法之事

当上司要求你做违法的事或违背良心的事时，平静地解释你对他的要求感到不安，你也可以坚定地对上司说："你可以解雇我，也可以放弃要求，因为我不能泄露这些资料。"如果你幸运，老板会自知理亏并知难而退；反之，你可能授人以柄。但假若你不能坚持自己的价值观，不能坚持一定的准则，那只会迷失自己，最终还是要影响工作的成绩，以致断送自己的前途。

学会拒绝，可减少心理上的压力

学会拒绝的艺术，既可减少心理上的紧张和压力，又可表现出自己人格的独特性，也不会使自己在人际交往中陷于被动，相信生活就会变得轻松、潇洒些。

你曾经被人拒绝过吗？当下的时候是觉得释然呢，还是难堪呢？一个好的主管，一个能干的人才，不轻易拒绝别人。即使拒绝，也要有替代，因为要懂得"拒绝的艺术"。

如何拒绝他人？在什么情况下可以拒绝别人？怎样做才能使自己不做违心的事，而又不影响友谊呢？拒绝的艺术，这的确是人际交往中的一个至关重要的问题。一般来说下列情况应考虑拒绝：

1. 违背自己做人的原则；

2. 不符合自己的兴趣爱好；

3. 违背自己的价值观念；

4. 可能陷入关系网；

5. 有损自己的人格；

6. 助长虚荣心；

7. 庸俗的交易；

8. 违法犯罪的行为。

习惯于中庸之道的中国人，在拒绝别人时很容易产生一些心理障碍，这是传统观念的影响，同时，也与当今社会某些从众心理有关。不善于拒绝别人的人，往往都戴"假面具"生活，这样不仅活得很累，而又丢失了自我，事后常常后悔不迭；但又因为难于摆脱这种"无力拒绝症"而自责、自卑。其实，学会拒绝的艺术并不困难，下面这些方法是常用的：

谢绝法：对不起，谢谢，这样做可能不合适。

婉拒法：哦，是这样，可是我还没有想好，考虑一下再说吧。

不卑不亢法：哦，我明白了，可是你最好找对这件事更感兴趣的人吧，好吗？

幽默法：啊！对不起，今天我还有事，只好当逃兵了。

无言法：运用摆手、摇头、耸肩、皱眉、转身等身体语言和否定的表情来表示自己拒绝的态度。

缓冲法：哦，我再和朋友商量一下，你也再想想，过几天再决定好吗？

回避法：今天咱们先不谈这个，还是说说你关心的另一件事吧……

严词拒绝法：这可不行，我已经想好了，你不用再费口舌了！

补偿法：真对不起，这件事我实在爱莫能助了，不过，我可帮你做另一件事！

借力法：你问问他，他可以做证，我从来干不了这种事！

自护法：你为我想想，我怎么能去做没把握的事？你让我出洋相啊。

当我们对别人有所要求，或者与人沟通的时候，如果对方都能爽快地承诺，我们必定心生欢喜；但如果对方一再刁难，这个不行，那个不好，我们一定会觉得此人顽固，不通人情，不好合作。

拒绝人情，拒绝因缘，主要是由于能力、慈悲、道德不够，能干的人绝不轻易拒绝。父母承诺儿女的要求，只要是善事、好事，何必拒绝呢？即使事出有因，不得不拒绝，也要解释得让儿女欢喜，让儿女了解，才能达到拒绝的效果。

拒绝要有代替，因为拒绝是很难堪的事！所以我们应该要学会拒绝的艺术。例如，不要立刻拒绝，不要轻易拒绝，不要生气拒绝，不要随便拒绝，不要无情拒绝，不要傲慢拒绝……

如果真是不得不拒绝，也要注意维护对方的尊严。例如，语言要婉转、态度要和善，最好面带微笑，让对方了解你的真诚、你的善意。

此外，拒绝时，如果能够有另外的替代方案，例如，下属要求安装冷气，至少你可以给他一台电风扇；朋友希望你送她一盆玫瑰花，至少你可以送她一盆蔷薇。能够有替代、有出路、有帮助的拒绝，必能获得对方的谅解。

人与人之间，若能凡事多为他人着想，多给别人留一些余地、一些包容、一些方便，少一份拒绝，少一点难堪，必能赢得别人的爱护。反之，一个人如果总是轻易地拒绝一些因缘、机会，久而久之自然就会失去一切。因此，做人不要轻易地拒绝别人，而要能随顺因缘，如此必能拥有更多学习、成长的机会。

不轻易拒绝别人，肯给别人多一些因缘，自己也会获益颇丰！

面对推销员，拒绝如何说出口

然而，拒绝别人也是有讲究的。拒绝得法，对方便心甘情愿；如果拒绝不得法，会使人感到不满，甚至对你怀恨在心。

现在我们来研究一下拒绝的艺术。

一位朋友曾说过这样的事："近来有许多推销员登门入室兜售物品。这些人口齿伶俐，对你缠绕不休，一个个都有一套让你非买他东西不可的本事。我对这种人实在是应付不了。"

"你可以拒绝呀！"另一位朋友对他说。

"拒绝也不是一件容易的事啊！"他说，"那些推销员根本不把你的拒绝放在眼里，他们有一套激起你兴趣的方法，吸引你的注意，挑动你的购买欲望，使你最终买下他的东西。许多人因为不知道如何拒绝而买了他的东西。"

这位朋友的话也许过分夸张了一些。一般来说，如果被那些推销员干扰，你坚决说一个"不"字，他们是毫无办法的，这难道不是个简单的办法吗？

但事实和我们想象的总会有些不同。虽然你硬着头皮说"不"字，但有时竟会出现你意想不到的结果。有一次，一家保险公司的所谓"外勤员"到一位编辑的办公室来做生意，整整谈了一个上午，这位编辑始终用一个"不"字来拒绝，那位"外勤员"只好怏怏地退了出去。

几天之后，这位编辑的同事来告诉他，一个胖胖的青年人正在外面口口声声地破坏他的名声。这位编辑非常惊奇，因为无论是在工作中还是在工作之外他都没有仇人。直到同事说那个青年人的下巴上有颗痣，这才恍悟，原来是那天被他拒绝的那个"外勤员"。

所以说，拒绝人家不得方法，实在会带来很多的麻烦。例如，一个素行不良的朋友来向你借钱，你明知道把钱借给他就像肉包子打狗一样有去无回；一个相识的商人向你推销商品，你明知买下了就会亏本……诸如此类的事你必定会加以拒绝。可是拒绝之后，就有断绝交情、引人反感、被人误会，甚至埋下仇恨的祸根的可能。

要避免这种事情发生，唯一的方法就是要运用聪明的智慧。学习这种拒绝的方法要注意下列几项原则：

你应该向对方解释拒绝的理由；

拒绝的言辞最好用坚决果断的暗示，不可含糊不清；

不要把责任全推到对方身上；

注意不要伤害他的自尊心，否则定会迁怒于人；

让对方明白你的拒绝是万不得已，并表示抱歉。

有时为了拒绝别人，含糊其辞地去推托："对不起，这件事情我实在不能决定，我必须去问问我的父母。"或者是："让我和孩子商量商量，决定了再答复你吧。"

但是，这种方法太不干脆了。有些人可能认为这是拒绝的好办法，既不伤害朋友的感情，又可以使朋友体谅你的难处。但这种敷衍的结果是：对方还会再三来缠扰你，当他终于发觉这是你的拒绝，以前的话全是敷衍、骗人的推托之词时，不但会使他怨恨你，而且也暴露了你致命的弱点：懦弱和虚伪。

如果换一种情况，你的上司或主管针对一项措施征求你的意见，你居于责任的缘故，必须表明你是反对还是赞成时，你又该怎么办呢？

让我们来举一个例子：

美国一家贸易公司的经理设计了一个商标，开会征求各部门的意见。

经理报告说："这个商标的主题是旭日，象征希望和光明。同时，这个旭日很像日本的国旗，日本人看了一定会购买我们的产品的。"

然后他征求各部门主任的意见。营业主任和广告主任都极力恭维经理构思高明。最后轮到代理出口部主任的青年职员发表意见，他说：

"我不同意这个商标。"全室的人都瞪大了眼睛看着他。

"怎么？你不喜欢这个设计？"经理吃惊地问他。

"我倒不是不喜欢这个商标。"青年人直率地回答。其实从艺术的观点来说，这位青年人的确是有点讨厌那个红圈圈，但他明白，和经理辩论审美观是得不到什么效果的，所以他只是说："我恐怕它太好了。"

经理笑了起来，说："这倒使我不懂了，你解释一下看看。"

"这个设计鲜明而生动，这是毫无疑问的，因为与日本的国旗相似，无论哪个日本人都会喜欢的。"

"是啊，我的意思正是如此，这我刚才已经说过了。"经理有些不耐烦地说。

"然而，我们在远东还有一个重要市场，那就是华人市场，包括中国、中国香港以及东南亚国家。这些国家和地区的人看到这个商标，也会想到日本的国旗。尽管日本人喜欢这个商标，但是由于历史的原因，这些国家和地区的人们不一定会喜欢，甚至可能反感它。这就意味着，他们不愿意买我们的产品，这不是因小失大了吗？照本公司的营业计划，是要扩大对中国和东南亚国家及地区贸易的，但用这样一个商标，结果是可想而知的。"

"天哪！我怎么没有想到这一点，你的意见对极了！"经理几乎叫了起来。

这位青年如果也和其他人一样对经理唯唯从命，把旭日做成商标，将来产品销到远东之后，生意清淡，存货退回，那时即使意识到其原因是商标问题，也无可挽回了，况且那位代理出口部出席那次会议的青年能推卸责任吗？要向一位有权威的人表示反对意见或拒绝，你必须有充分的理由，更要说得他完全信服。因此，技巧的运用不能不讲究。你看上述例子中，那位青年一句"我恐怕它太好了"的恭维话，先满足了经理的自尊心，同时也不会使他产生不悦。然后，你再陈述充分的理由，经理也就不会因此而觉得难堪了。

所以说，拒绝也是有技巧的。

笑着拒绝，不需要理由

在人与人的交往中，每个人都有邀请他人和被他人邀请的时候。你有权利邀请他人，同样，你也有权利对他人的邀请说"不"。但回绝他人时都会遇到一个难题，就是不想伤害别人的感情，但是却因为各种原因而不能接受他人的邀请，因此常常给自己带来许多烦恼。那么，要想摆脱这种烦恼，只有一种方法，就是在权衡利弊之后，果断地拒绝你本该拒绝的邀请。这就需要你掌握好拒绝的方法。

其实邀请也分为许多种，现主要介绍朋友的邀请和求爱的邀请。

面对朋友的邀请，应该怎样做呢？

1. 笑着拒绝，不需要理由

笑一笑，说："不必了，谢谢你。"既然不欠别人什么，只要待他有礼貌就可以了。你没必要说明理由，除非你愿意那样做。

2. 直言不喜欢某种活动

虽然你对这个人感兴趣，但是不喜欢他提议的活动，那就直接告诉他你喜欢什么，看他是不是也感兴趣。例如，张华与周强在一次座谈会上相识，双方颇有好感。周末，张华邀周强一起去听音乐会，可周强对听音乐会不太热衷，于是周强对张华说："今天的天气这么好，我们到郊外玩好不好，那里空气清新，比在音乐厅里听音乐舒服多了。"张华一听说："好啊，那我们就去郊外玩吧！"这样张华一点也没有被拒绝的感受。

3. 在感激中拒绝

你既不喜欢这个人，也不喜欢他提议的活动，但是，你却很感激他邀请你，那就把你的拒绝"夹杂"在对他的感谢当中。如果你找点别的事情来搪塞，别人很容易识破你。但你可以这样说："其实能和你一起聊天，我很高兴，虽然我正忙着要去洗热水浴。不过，我很感激你的邀请。"

4. 以某种行动拒绝

如果那人不理会你客气而又坚定的暗示，那就索性离去，找另一个人或另一群人。如果某人表现得很不得体，可是只要你一直站在那里和他说话，他就以为他可能会动摇你的决心。行动胜于言语，要相信你的早期预警系统。一旦感到不舒服，就尽快离开那个人，不要等出现了问题再动身。

5. 用推托表示拒绝

如果朋友邀你晚上看电影，而你不想同他交往，但这理由又不能告诉他。你可以对他说："这部电影是新影片，我也很想看，可是明天要上课，我还有不少作业要做，电影只好割爱了，真对不起。"用其他的事推掉不愿意做的事是最常见的方式。

当我们得到所期望的爱情时，内心会感到莫大的满足和幸福，但当求爱的人是自己不满意或不能当作恋人来喜爱的对象时，就会感到莫大的苦恼。苦恼的根源在于我们既想拒绝这一爱情表白，又怕伤了对方的心。尤其当对方与自己已有深厚友谊时，这苦恼就来得更为强烈。

然而，不管多么困难，不能接受的爱情总是要加以拒绝的。只是，要选择好方法和时间。

1. 说话态度要坚决

拒绝别人的求爱难免会给别人带来伤害，但不能因此而犹豫不决。既然是爱上你的人，肯定对你的言行都非常敏感。如果你拒绝的态度不够坚决，很容易就造成对方的误会，最后往往会带来比拒绝更大的伤害。

2. 尽力维护对方的自尊

为了减少拒绝给对方的心理带来的伤害，也使对方更易于接受，就必须设法维护对方的心理平衡，尽量减少对方的内心挫折。

具体来说，就是你不妨先对对方的人品和才华等加以赞许，然后说明你为什么不能接受求爱的理由。说出的理由要合乎情理，最好能从对方的角度提出有利的方面，让对方觉得拒绝也是为了他（她）好。如果必须向旁人做出解释，你不妨把消极原因归于自己，避免给人留下一个"你拒绝了他"的印象。

3. 选择恰当的方式

应该考虑到你们平时的关系和对方的个性特点，选择或冷处理，或面谈，或书信等方式，但建议不要采用托人转告的方式，因为这样显得对对方不够尊重，还可能带来不必要的麻烦。

4. 选择合适的时机

一般来说，不要在对方刚表白了爱情时立即拒绝，因为这会令对方很难接受；但也不可拖延太久，以免给对方造成误会。当然，具体选择什么时机，要视具体情况而定。

恋爱中，恋人的意见并不都接受且言听计从，恋人的要求也并不能都满足，如何使用否定和拒绝的艺术呢？

1. 寓否定于模糊语言

含糊其辞在恋爱中意义非凡。女朋友穿一条裙子，自觉漂亮，在你面前得意地转了一圈后问你："美吗？"你不仅不认为美，还觉得有点难看，于是你含糊其辞地回答："还好！"只要对方是稍有灵气的女孩，便能体会这句话的真正含义。

2. 寓否定于肯定

你的女友希望你给她买件像样的衣服，于是暗示你："瞧，人家宁的衣服多漂亮，是男友送的。"但你觉得本季节她的衣服已经够多了，说"不"，女友会觉得你很小气，怎么拒绝？于是你就可以这么说："的确美，不过我赞赏苏格拉底的一句话'女性的纯正饰物是美德，不是服装'。"话的表面并未拒绝，但对方绝不会认为你是同意了，问题在不了了之中解决，谁也不会感到难为情。像这种恋人的要求，你不赞同也不接受，可你的拒绝中就不能有否定词，但对方能辨出弦外之音，彼此都不会觉得难堪。

3. 寓否定于感叹

你的生日，他送你一套衣服，你不喜欢，觉得艳了些。他问："喜欢吗？"你若直截了当地回答："不喜欢，花里花气的，像什么样！"精心挑选过的他此时一定会觉得很伤心。若答："要是素雅些就更好了，我比较喜欢浅色的。"这话的表面意思仿佛是，你买的也好，不过若素雅些就更好了。但表面肯定的背后是一句否定的意思，只不过说得委婉一些罢了。

4. 寓否定于商量口气

恋人希望你陪她参加朋友的一次聚会，可你觉得目前不便或不妥。于是你用商量的口气说："现在实在没时间，以后行吗？"显然，恋人此时的邀请于她特定的意义，若以后还有什么意思呢？可你找到这样的借口，她也实在不好勉强。

5. 寓否定于玩笑

通过开玩笑的方式来否定，既可以达到目的，又不至于使双方尴尬，是一种很好的否定技巧。譬如，你男朋友邀请你"上门"，你觉得时机尚未成熟，不可盲目造访，这时你可问："有什么好吃的吗？"你的男友会列出几样东西来。于是你可接着说："没好吃的，我不去。"这是巧妙的玩笑，不仅拒绝了对方的请求，还可避免回答"为什么不去"，真可谓一箭双雕。

第九章

提升自己，让自己无可替代

生活在日新月异的今天，生活和工作的压力接踵而至。如何应付眼前的这些事情就变得尤为重要。其实是什么事情不重要，重要的是处理事情的人。一个高明的人和一个愚蠢的人，处理同一件事情会有截然相反的结果。如果大家想把事情做好而不是一团糟，就要做一个高明的人，努力让自己无可替代吧。

正确认识你自己，切忌高估

要正确地认识自己，发现自己，切忌过高地估计自己。虽说"天生我材必有用"，但每个人的才能总是各有千秋，而且每一种才能也并非一定会对社会产生相应的效力。

某日，与一位大学的同窗相聚，谈论起毕业后求职谋生和闯荡社会的诸多感触。他突然提出一个问题："你了解自己吗？"我未假思索，顺口答道："荒唐，谁还不了解自己——"可话刚一出口，我便愕然，立刻领悟到简单的问话里蕴含着的无穷的奥妙。

不错，生活中确实有许多人不了解、不认识自己。他们对自己的认识，也不外乎姓甚名谁，贵庚几何。至于寻究到自己的能力怎样，什么职业什么事情最适合自己，为人处世能做到何许地步，在社会上处在怎样的一个"点"上，可能就很难准确地把握自己了。有些人就是因为不认识自己，没找准适合自己的最佳位置，而没有步入成功之门。

陕西的青年作家贾平凹曾深有感触地说过："要发现自己并不容易。我是花了整整三年时间啊！"

贾平凹的创作经历是这样的：最初，上大学时，在校刊上发表了一首顺口溜，于是努力写诗，两年之中写了上千首诗，但质量平平。接着，他写起古诗来，也不怎么样。后来，学写评论、散文、随笔，同样没有突出的成绩。当他的第一篇短篇小说发表之后，他这才意识到，这种文学形式最适合自己。于是他一发而不可收，写了大批短篇小说，在中国文坛上崭露头角。

　　贾平凹的经历说明，每一个人不见得都能认识自己的才能。"知己"如同"知彼"一样，亦非易事。正因为这样，每个人根据自身的特点，选择合适的成才目标，都要经过一番摸索、实践。人无全才，各有所长，亦有所短。所谓发现自己，就是充分认识自己所长，扬长避短，认准目标。

　　马克思曾经想当诗人，但当他发觉自己写诗不怎么样的时候，就转向社会科学研究了。

　　达尔文也曾对诗歌产生兴趣，年轻时每天上午背诵几十行诗。不过，他很快发现自己的"诗才"平庸，就转向生物学了。

　　艾青原名蒋海澄，50多年前本是台湾西湖艺术院的学生，是学画画的。当他的第一首诗发表之后，他认识到自己的气质更适合于诗歌创作，从此努力写诗，终于成为诗人。

　　郁达夫祖上世代行医，他到日本留学，也是学医。当时，学医必须学德语。郁达夫懂得德语后，拜读了歌德、席勒、海涅的作品，也拿起笔来从事文学创作。当他意识到自己从文更为合适时，便毅然弃医学文，从此蜚声文坛。

　　这样的事例，可以举出许许多多。扬长避短，认准目标的重要性，是不言自明的。所以，一个人要在这个世界立足，关键还在于能否正确认识自己，发现自己。

以人为师，发掘自我潜力

　　耶稣曾经不止一次地对他的门徒说："我唯一知道的，就是我不知道什么。"

同样，在鼓励年轻人如何学习时，培根认为：任何一个强者都有一条诀窍，那就是"以人为师"，学习别人的优点，发掘自我的潜力，所有的强者几乎都没有傲慢的特性，他们仅比一般人更谦和谨慎。

大多数情况下，你也许没有培根聪明，因此你最好不要再指责人们有什么错，也不要将自己的观点强加给他人，因为你的观点也并非完全正确。如果你认为有些人的话不对，就算你确信他说错了你最好还是这样讲："啊，慢着，我有另一种想法，不知对不对。假如我错了的话，希望你们纠正我。让我们共同来看看这件事。"

无论在任何情况下，都千万别与顾客、配偶或敌人发生冲突。别指责他们的错误，别惹他们动怒，如果非得与人对立，也得运用一点技巧。所以，要尊重别人的意见，善于取人之长，补己之短。

法拉利公司销售主管保罗，有一次是这样处理顾客纠纷的，他是依利诺伊州的代理商。他在报告时说：汽车市场目前面临强大的竞争压力，在处理顾客投诉案件时，你如果显得冷漠无情，这就很容易引起他人的愤怒，甚至做不成生意，造成许多不快。他对公司的其他学员说："后来我想清楚了，这样确实无济于事，后来便改变了做事的方法。我转而向顾客这么说：'我们公司犯了不少错误，我实在深以为憾。请把你碰到的情况告诉我。'""这样显然消除了顾客的敌意。情绪一放松，顾客在处理事情的过程当中就容易讲道理了。许多顾客对我的谅解态度表示感谢，其中两个人后来甚至还带自己的朋友来买车。在竞争激烈的市场上，我们很需要这样的顾客。而我尊重顾客的意见，对待顾客周到有礼，这些都是赢得竞争的本钱。"显然，如果一个人过于直率地指出别人的错误，再好的意见也不会被人接受，甚至会受到很大的伤害。你剥夺了别人的自尊，让自己成为讨论中最不受欢迎的一部分。

心理学家罗素在他的书中写道：试着了解别人的想法，你会获益很大。也许你会觉得奇怪，真有必要去了解别人吗？我想是的。我们对许多"陈述"的第一个反应常常是"估量"或"评断"，而不是去"了解"。每当有人表达自己的感受、态度或是信念时，我们通常即刻做出的反应是："这是对的""这好蠢""这是不正常的""那毫无道理""那是错的""那个不好"……我们很少自己去了解陈述者话中的真正含义。有人曾问马丁·路德·金为何身为一个和平主义者，却倾向于白人空军将领丹尼尔·詹姆士，而非黑人高级官员。马丁·路德·金博士回答："我以别人的原则去判断他们，而非用我的原则。"同样的，库特将军曾经同南方联邦总统杰佛逊谈他麾下的一名军官，对其称赞有加。另一位军官很诧异，他问库特将军："难道你不知道那个人无时不在攻击你、诽谤你吗？""我知道。"库特将军回答，"不过总统是问我对他的看法，不是问他对我的看法。"

大多数人一辈子都不能完全了解自己的缺点，但是，我们总是能够尽力正视自己，找到自己的缺点，只有这样我们才能在通向成功的道路上不断进步。

活在当下，享受此刻

美国著名小说家亨利·詹姆斯在《大使们》一书中如此忠告：

"尽情地生活吧，否则，就是一个错误。你具体做什么都关系不大，关键是你要生活。假如没有生命，你还有什么呢？……失去的就永远失去了，这是毫无疑义的。……所谓适当的时刻就是人们仍然有幸得到的时刻，……生活吧！"

时间并不能像金钱一样让我们随意贮存起来，以备不时之需。我们所能使用的只有被给予的那一瞬间，也就是今日和现在。假如我们不能充分利用今日而让时间白白虚度，那么它将一去不返。所谓"今日"，正是"昨日"计划中的"明日"，而这个宝贵的"今日"，不久将消失到遥远的彼方。对于我们每个人来说，得以生存的只有现在，毕竟过去早已消失，而未来尚未来临。昨天，是张作废的支票；明天，是尚未兑现的支票；只有今天，才是现金，是有流通性的价值之物。

克服惰性的方法之一是学会在现"时"中生活。请注意，这里使用的不是"现实"而是"现时"一词。它更加强调的是"现在"这一时间概念，而现实生活是你真正生活的关键所在。细想一下，除了"现在"，我们永远不能生活在任何其他时刻，你所能把握的只有现在的时光，其实未来也只不过是一种即将到来的"现在"，有一点可以肯定：在未来到来之前，你是无法生活于未来之中的。然而，我们的文化传统总是降低现时的重要性，我们常听人们如此言谈：

"为将来而积蓄"；

"要考虑后果"；

"不要过于注重享乐"；

"想想今后"；

"为退休做好准备"等等。

在我们的传统文化中，回避"现时"几乎成为一种流行性疾病。社会环境总是要求人们为将来牺牲现在。根据逻辑推理，采取这种态度就意味着不仅要避免目前的享受，而且要永远回避幸福——难道不是吗？将来那一时刻一旦到来，也就成为"现时"，而我们到那时又必须利用那一现时为将来做准备。这样，幸福总是明日复明日，永远可望而不可即。

回避"现时"的表现形式多种多样。在我们的生活中，不难发现类似下面这几个例子的情形。

一天下午，萨娜决定到森林里走走，让自己沉浸于大自然之中，享受一下现在的时光。可是到了森林里，她好像失落了什么东西。她的思绪开始游荡不定，她又想起家里要做的各种事情：孩子们快要下班了，家里还要买菜，房间还没打扫，家里现在不知怎么样？她的思想不时地跳跃着，想着自己离开森林之后要做的种种家务。现在的时光就这样在回忆过去或思考未来之中流逝了。当然她不可能在美好的自然环境中享受一次难得的"现时"时光。

尼克太太好不容易得到了一个到海岛去度假的机会。于是她每天都到海边晒太阳，但她不是为了感受在那清新凉爽的海边被海风吹拂、阳光照射的乐趣，而是料想自己度假回家之后，当朋友们看到她那红里透黑的皮肤时会说些什么。她的思绪总是集中于将来的某一时刻，而当这一时刻到来时，她又惋惜自己不能感受在海滨晒太阳的享受了。

杰克是一位中学生，放学后父母叫他赶紧阅读课文。其实，杰克此时并不想学习，他心里惦着电视上的足球比赛，于是他只好强迫自己读下去。过了很久，他发现自己才读了三页，脑子也总是走神，而且也完全不知道自己在读些什么，他似乎是纯粹在参加一个阅读仪式。

　　在上面这几个例子中，这几个人都没有充分把握自己的"现时"时光，他们没有让自己在现时中得到很好的享受。"现时"，是一种难以捉摸而又与你形影不离的时光，如果你完全沉浸于其中，便可得到一种美好的享受。因此，你应该充分享受现时的每分每秒，而不必去考虑已过去的往日和自然到来的将来。抓住现在的时光，这是你能够有所作为的唯一时刻。不要忘记，希望、期望和惋惜都是回避现实的最为常见的方法。

　　回避"现时"往往导致对未来产生一种理想化。你可能会想象自己在今后生活中的某一时刻，会发生一个奇迹般的转变，你一下子变得事事如意，幸福无比，财富无限；或者期望自己在完成某一特别业绩——如大学毕业、结婚、有了孩子或职务晋升之后，你将重新获得一种新的生活。然而，当那一刻真正到来时，你却并没获得自己原先想象的幸福，甚至往往有些令人失望。未来永远没有你所想象的那么美好、如诗如画，它也只是一种切切实实的"现时"。为什么许多年轻人婚后不久就哀叹生活与婚姻的不幸，其中不乏一个原因——他们曾经将婚姻和未来幻想得过于幸福美满，而当这一切真正到来、当他们置身于现实生活之中时，他们不愿面对一些现实。

　　当然，如果生活中的某些方面并没有达到你原先的期望，你总可以通过对未来的再一次理想化而将自己从低沉的情绪中解脱出来。但千万不要让这种恶性循环成为你的一种固定生活模式，应立即采取一些现实生活的措施，打破这种恶性循环。

热诚的态度，是做任何事必需的条件

勤能补拙。要成功，勤奋是关键。只有无止境的追寻，才能到达成功的理想境界，领略无限风光。即使天生愚钝的人，只要真诚地投入到事业中去，笨鸟先飞，也能创造出人间奇迹。

著名数学家华罗庚在小学读书时，因为成绩不好，没能获得毕业证书。在初中一年级时，数学也是经过补考才及格的。他认识到自己天资较差，就加倍努力学习。在初中二年级时，就发生了明显的变化。他能够攀登数学高峰，主要是依靠勤奋努力。

梅兰芳在青年时代，曾拜一位老艺人为师，学唱京剧。老艺人教了他一些动作，特别是教他如何用眼神表达心理活动。可是梅兰芳怎么也学不会，眼球不听使唤，目光也缺乏生气。老艺人说梅兰芳长了一双"死鱼眼睛"，没有培养前途，拒绝收他为徒。梅兰芳并没有因此而气馁。他坚持苦练眼神，每天仰望蓝天，追逐鸽子的走向，又俯视水中的金鱼。经过长期锻炼，他的眼睛转动自如，如流星，似闪电。

德国有机化学家卡尔·波斯获得博士学位后，导师就告诫他说："你虽然得了博士学位，但缺少实践经验。你首先要抓紧实践，然后再做深一步的研究。"波斯虚心地听取了导师的劝告，离开实验室，去当木工、技师、化验员和工程师，熟悉各种工厂的设备和运输过程，为以后成为杰出的工业化学家打下了坚实的基础。然后他进入化工界，从 20 世纪初开始，寻找合成氨的理想催化剂。他组织了一百八十多名专家和一百多名助手，花了三年时间，做了两万次实验，终于获得了成功。又经过三年，催化剂正式投产，使合成氨成为化学工业中发展最快、最活跃的部门。1931 年，波斯荣获诺贝尔化学奖。

法国有个叫卡尔·威特的人。孩提时，邻居们都在背后说他是个白痴。他父亲也伤心地说："上天为什么给了我这么一个傻孩子。"尽管如此，父亲还是耐心地教他学说话、认字，用大自然的动植物启迪他的智慧。结果，他九岁考入莱比锡大学，十四岁发表数学论文，被授予博士学位，十六岁被聘为柏林大学教授。

日本著名林学博士本多静六说："我年轻时，脑子很不好，以致连中学都没考上。希望破灭后，我企图跳海自杀，幸而被人救起。从此，我便发奋学习，并在大学两度荣获了银表奖。"

捷克大教育家夸美纽斯说："勤奋可以克服一切障碍。"只要勤奋努力，就能战胜遗传的缺陷，克服自身的弱点。天资聪敏者的优势，往往只在某个方面。而所谓素质差，也仅仅是指某个方面。只要进行反复训练，努力练习，就能消除这方面的差距，同样也可以有所作为。

美国哈佛大学一位心理学教授指出，一个人一生当中能否获得成功，智商的高低并不是决定性因素。许多事实已经证明，不少获得重大成就的人，智商其实并不高。他们的成功，主要靠后天的勤奋努力。爱因斯坦说："天才和勤奋之间，我毫不迟疑地选择勤奋，它几乎是世界上一切成就的催产婆。"这句话应当成为我们每个人的座右铭。

一个人如果想成功，必须把自己全部的生命热忱都投入进去。

正是热忱，在科学、艺术和商业领域造就了无数的奇迹。对个人而言，成功与失败的分界线往往在于：有的人凭着热忱全身心地投入，而另一些人却不专心致志。

一切天才的作品，其中都会隐藏着一种和谐、神秘的气息，它让后世的读者在面对这些作品时，能够把他们带入作者创作这些作品时所处的那种情境。而之所以能够如此，正是凭借了创作者的热忱。

在商业界，同样如此。我们可以听听著名的人寿保险推销员法兰克·派特的经验之谈。"当时我刚转入职业棒球界不久，便遭到有生以来最大的打击，因为我被开除了。我的动作无力，因此球队的经理有意要我走人。"

"本来我的月薪是175美元，离开之后，我参加了亚特兰斯克球队，月薪减为25美元。薪水这么少，我做事当然没有热忱，但我决心努力试一试。待了大约10天之后，一位名叫丁尼·密亨的老队员把我介绍到新凡去。在新凡的第一天，我的一生有了一个重要的转变。因为在那个地方没有人知道我过去的情形，我决心变成新英格兰最具热忱的球员。为了实现这点，必须采取行动才行。

"我一上场，就好像全身带电一样。我强力地投出高速球，使接球的人双手都麻木了。记得有一次，我以强烈的气势冲入三垒，那位三垒手吓呆了，球漏接，我就盗垒成功了。当时气温高达华氏100度，我在球场奔来跑去，极有可能中暑而倒下去。第二天早晨，我读报的时候，兴奋得无以复加。报上说：'那位新加进来的派特，无疑是一个霹雳球员，全队的人受到他的影响，都充满了活力。他们不但赢了，而且是本季最精彩的一场比赛。'"

目前，法兰克·派特是人寿保险界的大红人。不但有人请他撰稿，还有人请他讲述自己的经验。他说："我从事推销已经 30 年了。我见到许多人，由于对工作抱着热忱的态度，他们的收入成倍数地增长。我也见到另一些人，由于缺乏热忱而走投无路。我深信唯有热忱的态度，才是成功推销的最重要因素。"

如果热诚对任何人都能产生这么惊人的效果，对你我也应该有同样的功效。所以，可以得出如下的结论：热忱的态度，是做任何事必需的条件。我们都应该深信这一点。任何人，只要具备这个条件，就都能获得成功。相信，他的事业也必会飞黄腾达。

墨守成规无法使人脱离困境

很多人不敢创新，或者说不愿意创新，是因为他们头脑中关于得、失、是、非、安全、冒险等价值判断的标准已经固定，这使他们常常不能换一个角度思考问题。

举一个例子，假如有一个人有 100% 的机会赢 80 块钱，而只有 85% 的机会赢 100 块钱。在这种情况下，这个人极有可能会选择最保险安稳的方式选择 80 块钱而不愿冒一点险去赢那 100 块钱。但如果反过来假设这个问题，一个人有 100% 的机会输掉 80 块钱，另外一个可能性是有 85% 的机会输掉 100 块钱。这个时候，人们都会选择后者，大胆赌一下，因为还有 15% 的机会，说不定根本不会输。

这个例子使我们明白，平时我们之所以不能创新，或不敢创新，常常是因为我们从惯性思维出发，以至于顾虑重重，畏首畏尾。而一旦我们把同一问题换一个方向来考虑，就会发现有很多新机会等着我们大显身手。

其实许多十分有创意的解决方法都是来自于换角度思考问题。在看待同一件事时，从反面来解决问题，甚至于最顶尖的科学发明也是如此。所以爱因斯坦说："把一个旧的问题从新的角度来看，这完全是成就科学进步的主因。"

著名的化学家罗勃特·梭特曼发现了带离子的糖分子对离子进入人体有很重要的作用。他想了很多方法来求证，都没有成功，直到有一天，他突然想到何不从有机化学的观点来探讨这个问题，最终实验成功了。

一个在平凡生活中追求财富和梦想的普通人，用不同以往思考问题的模式进行思考所取得的成效，并不亚于科学家们的新发现。

其实我们常常可以在日常生活中训练自己换个角度思考问题。比如说，一个年轻的妈妈想让刚买的婴儿床和自己的大床并在一起，这样就可以省去夜里的担心和麻烦。结果，在她想拆除小床的护栏时遇到了麻烦。她想按照床的设计，保留那个可以上下伸缩的移动护栏，而拆除那个固定的护栏，可是那个固定的护栏有着支撑床的功能，若拆掉，整个床就散了，这件事只好不了了之。

直到有一天，这位妈妈站到床的另一面，她才突然发现，若将小床和大床靠在一起，即使没有移动护栏也无所谓，而拆了移动护栏以后，小床依然牢固，这个问题也得以解决了。如果她不走到床的另一面，她可能永远看不到这一点，而使自己陷入烦恼。

在现实生活中，当人们解决问题时，时常会遇到瓶颈，这是由于人们只停留在同一角度思考。如果能换一换视角，也就是我们所说的换另一面考虑问题，情况就会改观，创意就会变得有弹性。记住，任何事情只要能转换视角，就会有创意出现。

满足于现状，就不会渴望创新。人生瓶颈是指一个人遇到的关卡，上不能上，下不能下，进不能进，退不能退。这时候怎么办？唯有创新才是出路。

要想真正发挥创新潜能，除了要有敢于尝试与创新的勇气，还必须精心培育你的创造力。以下列出的是许多成功人士常用的方法。

1. 及时记录下来一些想法

其实，在创新领域里，从来就不存在"馊主意"这个词汇。三年前你的某个想法也许不合时宜，三年后却可以成为一个绝佳的点子。而且那些看来荒谬怪诞的想法，也许往往更能激发你的创造力。

如果你能及时地将自己的想法记录下来，那么，当你需要某些刺激时，就可以从回顾之前的想法着手。这样做，并不仅仅是给旧想法一个新的机会，更是一种重新思考、重新整理的过程。在这个过程中，你可以轻易地勾勒出创造性较高的新计划。

2. 自我反问

如果不问"为什么"，你就不会有创新的见解。

为了避免这个常犯的错误，成功者总是通过所有的表象去寻找真正的问题所在。他们从来不把事情看作是理所当然的结果，也从来不把事情视为如水到渠成般必然无疑。

那些不明确的，看来似乎是一时冲动下提出来的问题，往往包含着更多的创新性思维。

3. 经常表达自己的想法

如果你有了想法，不管是什么样的想法，你都应当表达出来，再一起讨论。

一个人一生中的大多数想法，都被无意识的自我审查所否决。这种无意识的自我审查将一切离奇的想法都视为"杂草"，巴不得尽快地铲除。

请记住，循规蹈矩的脑子里没有"杂草"，但循规蹈矩的脑子也没有创造力。你想要有创造力，就必须照料好每一株"杂草"，把它们当作一株株具有潜在经济价值的新作物。

把你异想天开的想法说出来，将它们从头脑中解放出来，让它们能够免受自我审查的摧残。这样做，能使你有机会更仔细、更充分地去探索、去品味、去发现它们真正的实用价值。

4. 永远充满创新的渴望

满足于现状，没有乐观的期待，或者因为无法实现而不去追求，就不会渴望创造，就会妨碍创造力的发挥。

发明家和普通人其实都是一样的，唯一不同的是，发明家总是期盼能有更好的解决方法。系鞋带时，他们希望能更方便些，于是用带扣、按扣、橡皮带等代替鞋带；烹饪食物时，他们希望省去擦洗锅底的烦恼，于是便有了不粘锅的涂料。所有这一切，都源自于他们想改变现状的愿望。

5. 换一种新的方法来思考

墨守成规不可能产生创造力，也无法使人脱离困境。

有人喜欢用比较分析法来思考问题，面临抉择时，他总是坐下来，将正反两方的思考点写在纸上进行比较分析。也有人习惯于用形象思维法，把没办法解决的问题画成图或列成简表。因此下次你能不能换另一种角度去思考，或交替使用各种不同的思考策略呢？试试看！也许，最困难的抉择也会迎刃而解。

6. 努力实践创新性的想法

有了创新性的想法，如果不去努力实践，再好的想法也会离你而去。

努力做了，却又因为短期内收不到成效而无法持续，你也同样会与成功擦肩而过。持之以恒地实践，才会如愿以偿。爱迪生说："天才是百分之一的灵感加百分之九十九的汗水。"这是他的至理名言，也是他的经验之谈。

一个圆锥体若以圆形作底部，它就像座高耸入云的灯塔；若以尖端作底部，它则像能阻挡残渣的漏斗。它的作用如何，全看你如何思考而已。而至于这个圆锥体的比喻，或者你心中已有不同于此的创意想法了呢！

一个有修养的人，应该知道居功之害

俗语所说韬光养晦。韬，本义为俞鞘，引申为掩藏。韬光是掩盖光泽，比喻掩饰自己的才华。无论如何，完美的名誉节操，都不要一个人独得，必须分一些给旁人，才不会引起他人的忌恨招来灾害而保全生命。不论如何，耻辱的行为和名声，都不可以完全推到别人身上，要自己承担一部分，只有这样，才能掩盖自己的智能而多作一些品德修养。

据《史记》记载：在鲁哀公十一年那场抵御齐国进攻的激战中，

右翼军溃退了，孟之反走在最后充当殿军，掩护部队后撤。进入城门的时候，他用鞭子抽打马匹说道："不是我敢于殿后，是马跑不快。"他这样做是为了掩盖自己的功劳。从消极方面说，人立身处世，不矜功自夸，可以很好地保护自己。

一个有修养的人，应该知道居功之害。同样，对那些可能玷污行为名誉的事，也不应该全部推诿给别人。

韩信是汉朝的第一功臣，汉中献计出兵陈仓，平定三秦，率军破魏，俘获魏王豹，破赵，斩成安君，捉住赵王歇，收降燕，扫荡齐，力挫楚军。连最后垓下消灭项羽，也主要靠他率军前来合围。司马迁说，汉朝的天下，三分之二是韩信打下来的，项羽是靠韩信消灭的。但是功高震主，犯了大忌，加上他又不能谦逊自处，看到曾经是他部下的曹参、灌婴、张苍、傅宽都分土列侯，与自己平起平坐，心中难免矜功不平。樊哙是一员猛将，又是刘邦的连襟，每次韩信访问他，他都是"拜迎送"，但韩信一出门，他就说，我今天倒与这样的人为伍！韩信自傲若此，全然不似当年甘受胯下之辱的情形。最后，终于一步步走上了绝路。后人评价说，如果韩信不矜功自傲，不与刘邦讨价还价，而是自隐其功，谦逊退避，刘邦再狠毒大概也不会对他下手吧。当然，对韩信的遭遇，这种看法是否恰当公允，是否还有别的公正的评价，这里姑且不论，但韩信的态度、遭遇的确是一个教训，也尤其应使有才有功者在这个问题上深思猛醒！从历史上看，多数开国功臣都是英才，但功高震主者则往往有亡身危险。

与韬光养晦相联系的是大智若愚，人人都自以为聪明，傻对他来说似乎是很难的。这需要有傻的胸怀风度，既能够愚，又愚得起。《菜根谭》说："鹰立如睡，虎行似病"。也就是说老鹰站在那里像睡着了，老虎走路时像有病的样子，这就是他们准备猎物吃人前的手段。所以一个有真才实德的人要做到不炫耀，不显才华，如此才能拥有肩负重大使命的力量。

古时有"扮猪吃虎"的计谋，以此计施于强劲的敌手，在其面前尽量把自己的锋芒收敛，"若愚"到像猪一样，表面上百依百顺，装出一副为奴为婢的卑躬，使对方不起疑心，一旦时机成熟，即闪电般一举把对手结果了。这就是"扮猪吃虎"的妙用。孔子说："宁武子在国家安定时是一个智者，在国家动乱时是一个愚人。他智的一面别人赶得上，那愚的一面，别人无法赶上"！宁武子历任卫文公、卫成公两朝，在天下太平时，好像无所作为，并不巧立名目、兴事弄术表现自己的才干。晋成公无道，他曾做过成公的诉讼人，使成公败诉。

但当晋国把成公废黜囚禁的时候，他利用自己的品德和为晋人所赞赏的地位，立朝不去，"从容大国之间，周旋人君之侧"，倾力保全卫国。后来晋侯派人要毒死成公，他又贿赂医生，让他减少毒药的分量，保全了成公的性命。孔子赞扬的"其愚不可及"就是指上述这些表现，可见不露才华，不显才干，才能为日后的大业积攒后劲。

遍观生物界，人们认为最无能、最让人任意宰割的或许是昆虫类了。岂不知昆虫自有一套避凶趋吉的妙法。如昆虫的保护色和拟态。蝗虫的身体颜色会随着环境的颜色而改变。竹节虫和枯叶蝶在遇到天敌时，会装成竹节和枯黄的树叶，还有的动物遇危险时假死以迷惑敌人。

再说"虎行似病"，装成病恹恹的样子正是老虎吃人的前兆，所以深藏不露，才有任重道远的力量。这就是所谓"藏巧手拙，用晦如明"。人们不管其本身是机巧奸猾还是忠直厚道，似乎都喜欢傻呵呵不会弄巧的人，这并不以人性情为转移，所以，要达到自己的目标没有机巧权变是不行的，但又要懂得藏巧，不为人识破，也就是"聪明而愚"。

　　1805 年，拿破仑乘胜追击俄军到了关键的决战时刻。此时，沙皇亚历山大见自己的近卫军和增援部队到来，便不想撤退而与法军决战。库图佐夫劝他继续撤退，等待普鲁士军队参加反法战争。此时拿破仑知道了俄军内部的意见分歧，害怕库图佐夫一旦说服沙皇，就会失去战机，于是装出一见俄军增援到来就害怕决战的样子，停止追击，派人求和，愿意接受一部分屈辱条件。这更加刺激了沙皇，认为拿破仑如果不是走投无路了，像他这样傲慢的人决不会主动求和，因此判定现在正是回师大败拿破仑的时候，不听库图佐夫的意见，向法军展开进攻，结果钻进了法军圈套，被法军打得狼狈不堪。

闭口深藏舌，安身处处牢

　　说话比做文章、读文章难。做文章，可以细细推敲，再三修正；读文章，可以细细体味，详加研究。说话则不然，一言既出，驷马难追，所以你与人对话，应该特别留神。

　　人与人之间好感难得，恶感易成，与人对话，必须谨慎。说话方式要符合对方个性，才会产生作用；但也不要忽略你与对方的交情程度，否则"交浅而言深"、"不可与言而言"，则还不如不言。当然，知己相聚，上下古今，东西南北，兴之所至，无所不谈，你不必有所拘束，但是也不可过度。一言误会，感情遂生裂痕，此则不可不防、不可不戒。

　　你要说的话，事前先打腹稿，列出纲要；说话开始时，先要定一定神，态度从容，双目注视着对方的眼睛，表示出恳挚的神情；边说边注意他的反应，是赞成还是不以为然，随时调整你的说法。如果发觉他神情不屑，不愿意多听的样子，你就该设法收尾；如果发觉他怀疑的样子，你就该多做解释；如果发觉他乐于接受的样子，你就该单刀直入，不要再绕什么圈子。发觉他要插言的时候，你就该请他发表意见。他的答语，你要特别留神，比如同样一个"喔"字，会有不同的表示："喔，"表示知道了；"喔！"表示惊奇；"喔？"表示疑问。

　　再如，他说"好的，以后再谈吧"，这是不肯接受；"好的，照如此办吧"，这是完全接受；"好的，我替你留意"，这是没有把握的表示；"好的，我替你设法"，这是肯负几分责任的表示；"好的，待我研究研究"，这是原则可以同意，办法还须讨论；如果他说"好的，你听我回音"，这是肯帮忙的表示。细细体味，便知道此次谈话是否成功。谙于世故的人，往往不肯有直接的表示，很容易使你误解他的真意。

　　你对人表示态度，也要有个分寸，你以为可以办到的，回他"我去试试，成败不敢保证"；你以为对的，回他一声"很好"，或"不错"；你以为不对的，回他"这个问题很难说，各有各的说法"；你以为办不到的，回他"此事太困难，恐怕无大希望"。总之，不要说得太肯定。太肯定的回答，最易造成不欢而散的后果。一切回答，必须留些回旋的余地，万一临时不能决定，你可以说"待我考虑后，再答复你吧"；或者说"待我与某方面商量后，由某方面答复吧"。前者是接受与不接受各占一半，后者多数是婉言拒绝。如果对方唠叨不止，你不愿意再听下去，也有几个方法可以应付，或者乘机谈谈别的事情，转移谈话方向，或者就说"好的，今天谈到此处为止"，立起身来，说声"对不起，再见"。如此，他自会终止谈话离开你。

你要和对方说话，先要明白他的个性。他喜欢学问的，你应该说高远的话；他喜欢婉转的，你应该说流利的话；他喜欢亢直的，你应该说激切的话；他喜欢琐事的，你应该说浅近的话；他喜欢诚恳的，你应该说质直的话。你的说话方式，与对方个性相符，自能一拍即合。

若对方是一个喜欢刺探你意思的人，往往迂回曲折，中间插入一句主句，希望你暴露真情。你若不愿意告诉他，就应该特别留神，设法避过，或者当作没有听见，或者含糊其辞，或者就说"不便奉告"，拦阻他不断地进攻。此外，盛怒之后，不要见客；宿醉未醒，不要见客。余怒易迁怒来客，无端得罪；醉后易畅言无忌，泄露秘密。

但是只明白对方的个性还是不够，你还得估量彼此的交情。交情未到相当程度，你的说话方式，虽合对方个性，但说话是否发挥效力仍是一个疑问。话是说得对了，你的交情资格，还是不对。交情资格不对，你就犯了"交浅而言深"的错误。彼此的交情，还不曾达到相当的程度，"不可与言而言，是以言脱之也"，逆耳之言，只会使人觉得讨厌！

某甲是耿直之人，他的领导也不失为耿直的人。有一次为了同事待遇过分刻薄，某甲自告奋勇，向领导提出加薪的请求，他对领导慷慨陈词：现在的待遇，不但不合理、不合情，简直是逼他们走到死路上去。他们死不死，姑且不问，你的事业还有前途吗？某甲自以为理直气壮，自以为够得上直说的交情，谁知领导听了大不高兴，不但不采纳，反而反唇相讥，认为这是整个社会的问题，应该由政府来解决，他是无力改善的，弄得一场没趣。这不是话不投机，而是某甲估计错了彼此的交情，还没有到说这话的时机。从此以后，领导以为某甲是存心捣蛋，借此鼓弄风潮，于是误会日深，再有小人居间无中生有，挑拨是非，以后的纠纷，多着呢！

举这个例子，无非是想劝你说话必须详加考虑：你的说话方式，合乎对方个性吗？你和他的交情，够得上说真话吗？若有一个"否"字，你最好还是秉承谙于世故者的教训："闭口深藏舌，安身处处牢。"

适可而止，知足者常乐

现今的人在社会上，常有一种不拿白不拿、不吃白不吃的贪婪！殊不知，你的贪不仅损害了他人的利益，还会使他人对你的贪反感。或许他人可以容忍你的行为，不在乎你的贪，但如果你懂得适可而止，他会对你有更好的印象与评价，因此愿意延续和你的关系。

人常常会因贪婪而犯傻，什么蠢事都干得出来。所以任何时候都要有自己的主见和辨别是非的能力，不要被假现象所迷惑。

看看下面故事中的小孩是怎样做的，这或许会给我们一些启示。

有一个小孩，大家都说他傻，因为如果有人同时给他 5 毛和 1 元的硬币，他总是放弃 1 元的硬币，而选择 5 毛的硬币。有个人不相信，就拿出两个硬币，一个 1 元，一个 5 角，叫那个小孩任选其中一个，结果那个小孩真的挑了 5 角的硬币。

那个人觉得非常奇怪，便问那个孩子："难道你不会分辨硬币的币值吗？"孩子小声说："如果我选择了 1 元钱，下次你就不会跟我玩这种游戏了！"这就是那个小孩的聪明之处。

的确，如果他选择了1元钱，就没有人愿意继续跟他玩下去了，而他得到的，也只有1元钱！但他拿5角钱，把自己装成傻子，于是傻子当得越久，他就拿得越多，最终他得到的，将是1元钱的若干倍！因此，在现实生活中，我们不妨向那"傻小孩"看齐——不要1元钱，而取5角钱！

可叹的是，现代社会充斥着下列现象：人际关系一次用完，做生意一次赚足！以为自己这样做是聪明，殊不知这都是在断自己的路！我不希望你有这种聪明，而希望你能一直拥有那个小孩一样的"傻"，因为这会让你得到更多回报。10个5角钱多，还是一个1块钱多，你自己算算吧！

永不满足的欲望不停地诱惑着人们追求物欲的最高享受，然而过度地追逐利益往往会使人迷失生活的方向。因此，只有凡事适可而止，才能把握好自己的人生方向。

几个人在岸边垂钓，旁边几名游客在欣赏海景。只见一名垂钓者竿子一扬，钓上了一条大鱼，足有一尺多长，鱼落在岸上后，仍腾跳不止。可是钓者却解下鱼嘴内的钓钩，顺手将鱼丢进海里。围观的人发出一片惊呼，这么大的鱼还不能令他满意，可见垂钓者雄心之大。就在众人屏息以待之际，钓者鱼竿又是一扬，这次钓上的还是一条一尺多长的鱼，钓者仍是不看一眼，顺手扔进海里。第三次，钓者的钓竿再次扬起，只见钓线末端钩着一条不过几寸长的小鱼。众人以为这条鱼也肯定会被放回，不料钓者却将鱼解下，小心地放回自己的鱼篓中。

众人百思不得其解，就问钓者为何舍大而取小。钓者回答说：

"哦，因为我家里最大的盘子只不过有一尺长，太大的鱼钓回去，盘子也装不下。"

在经济发达的今天，像钓鱼者这样舍大取小的人是越来越少，反而是舍小取大的人越来越多。俗话说，贪心图发财，短命多祸灾。心地善良、胸襟开阔等良好的品性，才是健康长寿之本。贪图小便宜，终究是要吃大亏的。

法国人从莫斯科撤走后，一位农夫和一位商人在街上寻找财物。他们发现了一大堆未被烧焦的羊毛，两个人就各分了一半捆在自己的背上。归途中，他们又发现了一些布匹，农夫将身上沉重的羊毛扔掉，选些自己扛得动的、较好的布匹；贪婪的商人将农夫所丢下的羊毛和剩余的布匹统统捡起来，重负让他气喘吁吁、行动缓慢。走了不远，他们又发现了一些银质的餐具，农夫将布匹扔掉，捡了些较好的银器背上，商人却因沉重的羊毛和布匹压得他无法弯腰而作罢。突降大雨，饥寒交迫的商人身上的羊毛和布匹被雨水淋湿了，他踉跄着摔倒在泥泞当中；而农夫却一身轻松地回家了。他变卖了银餐具，生活富足起来。

大千世界，万种诱惑，什么都想要，会累死你，该放就放，你会轻松快乐一生。贪婪的人往往很容易被事物的表面现象迷惑，甚至难以自拔，待事过境迁，后悔晚矣！

一次，一个猎人捕获了一只能说70种语言的鸟。

"放了我，"这只鸟说，"我将给你三条忠告。"

"先告诉我，"猎人回答道，"我发誓我会放了你。"

"第一条忠告是，"鸟说道，"做事后不要懊悔。第二条忠告：如果有人告诉你一件事，你自己认为是不可能的就别相信。第三条忠告：当你爬不上去时，别费力去爬。"然后鸟对猎人说："该放我走了吧。"猎人依言将鸟放了。

这只鸟飞起后落在一棵大树上，又向猎人大声喊道："你真愚蠢。你放了我，但你并不知道在我的嘴中有一颗价值连城的大珍珠。正是这颗珍珠使我这样聪明。"

这个猎人很想再捕获这只放飞的鸟。他跑到树跟前并开始爬树。但是当他爬到一半的时候，他掉了下来并摔断了双腿。鸟嘲笑他并向他喊道："笨蛋！我刚才告诉你的忠告你全忘记了。我告诉你一旦做了一件事情就别后悔，而你却后悔放了我。我告诉你如果有人对你讲你认为是不可能的事，就别相信，而你却相信像我这样一只小鸟的嘴中会有一颗很大的珍珠。我告诉你如果你爬不上去，就别强迫自己去爬，而你却追赶我并试图爬上这棵大树，结果掉下去摔断了双腿。这个箴言说的就是你：对聪明人来说，一次教训比蠢人受一百次鞭挞还深刻。"说完，鸟飞走了。

贪婪是一种顽疾，人们极易成为它的奴隶，变得越来越贪婪。人的欲念无止境，当得到不少时，仍指望得到更多。一个贪求厚利、永不知足的人，等于是在愚弄自己。贪婪是一切罪恶之源。贪婪能令人忘却一切，甚至自己的人格；贪婪令人丧失理智，做出愚昧不堪的行为。

因此，我们真正应当采取的态度是：远离贪婪，适可而止，知足常乐。

第十章 ▷

未来的你，一定会感谢
拼命的自己

感谢自己，是自己给自己力量，是自己给自己帮助，从小到大，从工作到生活，我们所面对的种种困难，帮助我们走过的，虽然有很多值得感谢的人，但主观上是我们自己努力的结果。别人给再多的机会也只不过是为我们奠定基础而已，感谢自己懂得了把握机会，踏踏实实地从基础做起。

不放弃任何可能，就是在为自己创造机会

在哈佛大学那样竞争激烈的环境里，无论是谁都会感到非常紧张，而一位眼睛看不见的女博士生却非常自在愉快。她叫张婷，是中科院研究生院的副教授，2000 年 7 月以优异的成绩进入哈佛大学就读，成为该校有史以来唯一一位非本国的盲人学生。

张婷出生于 1963 年，在 29 岁之前，她一直过得很顺利。她 15岁就考上郑州大学英语系，19 岁开始教授大学二年级的英语精读课，23 岁从中科院研究生院毕业后留院任教。1992 年，正值人生最璀璨阶段的她，却患上了一种叫作"黄斑变性"的眼疾，医生诊断后告诉她这是一种会逐渐失明的疾病。

在她的眼前，原本五光十色的世界由雾蒙蒙变成完全黑暗。这是一个痛苦的过程。在一年多的时间里，她一边治疗眼疾，一边坚持教书。但她总是把看病的时间安排在周末假日，她不愿意请假，因为怕误了学生的学习。她几乎没有耽误过任何一堂课。她的视力越来越模糊，但她却拼命地使用眼睛，不放过一分一秒看书的时间，直到眼前什么也看不见了，她仍然说："我离不开讲台，我要当老师。"

张婷以前因为近视，一直戴眼镜，失明后她就摘下了眼镜，但却常常在走路时被树枝扎伤眼。因此为了保护眼睛，她又戴上了眼镜。另外，家里的摆设都靠着墙，并留有宽敞的过道，好方便她走路。学会生活上的自理对失明的张婷来说不是最难的，最难的是她

还想教书。

她请父母为她买各式各样的录音机，她想，既然眼睛看不见了，那就用耳朵听吧。她也随身携带一个袖珍型的小录音机，比如记个电话号码，就用录音机录下来。她笑道："条条大路通罗马。"做到这一点很不容易。失明之后，她依然能写出漂亮的板书，但有谁知道她贴在黑板上的左手是在悄悄估计字的大小，好配合写字的右手。为了这几行板书，她不知在家里练了多少遍：在房门上，在硬纸板上，让自己慢慢感觉以往所忽略的身体律动，来协调左右手之间的搭配。语音教室里，平面操作台上的各种按钮也被她悄悄地贴上了一小块一小块的胶布，作为记号。

她在每学期刚开始的第一节课必定要点名，然后在心里默默记住每位学生不同的声音，并配上他们的名字。下一次，她就能准确地叫出每位学生的名字了。在与人谈话时她始终专注地注视着对方，事实上她是全凭听说话者的声音来判断他们的位置的。

张婷的学生都是博士生。他们喜欢上她的课，因为"张老师发音很准，声音很好听，上课形式多样化"。她从不照本宣科，上课喜欢提问，准备了大量课外资料。她喜欢在每堂课开始的时候播放当天或者昨天的英语新闻，并经常在课程告一段落时播放新的英文歌曲。

学生们私底下都十分佩服她为每一节课所做的精心准备。下课的时候，学生们都喜欢围在讲台边和她聊天。她的知识面非常广，知道很多最新的信息。无论是英美文学、音乐，还是国际时事，博士生们和她聊得十分开心，而她也感到非常快乐。

在中科院外语部教学品质评量表中，博士生们为她打了98

分；在毕业班的毕业留言簿上，学生们深情地写道："张老师，我们无法用恰当的言辞来形容您的风采，您的内涵如此丰富，您的授课如此生动。除了获取知识外，我们还获得了不少乐趣和做人的道理……"

张婷说自己之所以始终站在讲台上靠的是一种自信以及对这份工作的热爱。她从不觉得自己与其他人有什么不同，"站到讲台上我就是个老师，这时我和其他老师一样，学生要学东西，我们教他们知识。而要想赢得他们的认同，必须靠创新。"

"一个人获取知识、信息的方式非常多样，不过方式并不重要，重要的是怎么去应用知识。中科院里的博士生都是非常优秀的学生，他们是未来的科学家，我会尽自己最大的努力把我所会的东西教给他们。"张婷强调说，"创新并不是盲目地改变，而是必须在深厚的文化基础上表现出自己的特色。"她编的教材也十分注重新意。她认为，书不在乎薄厚，而是要有独到的见解。至于教学方式，她也有自己的观点："一切为教学效果而改变。'不写板书那叫什么上课'的观念要改，怎样达到学生能完全吸收的教学目标才是最重要的。如果主要靠大家听，也许一个字不写也行。要不拘形式，不墨守成规。"

张婷非常注重接受新事物，使用新方法。失明后，她不仅教学生听力和口语，甚至还教英文写作。她用扫描仪把书、学生作业扫描到计算机里，再让计算机把资料显示在屏幕上，或是将上课资料用打印机打印出来。她甚至和学生进行网络教学，学生若有问题，可以发给她，她再回复。

提起这些她就感慨自己很幸运，生在这样一个瞬息万变的时代，可以用计算机、网络等各种以前没有过的教学手段。"关键在于你肯不肯用别的方式，肯不肯动脑筋去思考。并不是只有一条路可走，有很多条路，有很多选择，有很多施展自己才能的机会。"

2000 年，张婷获得了进入哈佛大学深造学习的机会，她的事迹也通过网络迅速传遍了整个哈佛。

在哈佛大学，面对上千门课程，面对那么多新的信息，张婷非常兴奋。"想学的东西太多了。我每天一早就去听课，一直到下午五点半。中午有半个小时的时间吃饭。晚上就在宿舍里读书、上网，往往要到十二点多才能就寝。我觉得在这里的每一天都过得很充实。"

张婷说，没想到自己在失明 8 年之后还能走进哈佛，因此她非常珍惜这次难得的机会。"这里条件很好，信息传递非常迅速，我要多听课，多读书，多学些新东西。我要努力充实自己，好增加往后的教学内容。"

看完张婷的故事，是不是会对你有所启发呢？不放弃任何可能，就是在为自己创造机会。

在成功面前延伸展开的，是各式各样的路。并不是只有一条路可走，而是有很多条路，有很多选择，有很多施展自己才能的机会。

能承受别人的嘲笑，这是一种雅量

在佛经里，"忍辱"的意义是很丰富的。挫折、打击固然要忍，成功与欢乐也要忍；逆来受，顺来也要受。但是，所谓"受"，并不是被动地接受认可，而是以积极主动的态度，把境遇转化成超越，让自己从中获得学习成长的机会。一般人受到冤屈挫折，心理上总是愤愤不平；然而，正因为愤恨难消，痛苦煎熬也如影随形、挥之不去。如果借着面对打击来锻炼自己的心性品格，甚至把打击你的人看成来感化你的菩萨，谢谢他给你锻炼自己、提升自己的机会，那么心里没有怨恨，自然不会感到痛苦。

有几位智障儿的家长说，经过漫长的岁月，他们已经能在照顾孩子的艰苦和磨难当中，慢慢体会到自己的心都被打开来了。他们能用接受考验的心情欢喜承受，所以，在即使外人看来，他们的处境是苦不堪言的，他们却甘之如饴。在逆境中忍辱负重、蹒跚前行，这个道理大家能接受，而在事事顺利、飞黄腾达的时候也要"忍辱"，恐怕就不容易理解了。许多人在失意的时候还能刻苦自励，一旦春风得意，就放荡起来了，得意忘形，言行举止失了分寸，灾难祸害很快就随之而至。所以要居安思危，成功要忍，逆境也要忍。

漫漫人生路，有太多的不如意，退一步是海阔天空，只要不忘记自己的最终使命，你还是你。要能承受别人的嘲笑，这既是一种雅量，同时也是能忍的标志。

守端禅师的师父是茶陵郁山主。有一天，骑驴子过桥，驴子的脚陷入桥的裂缝，禅师摔下驴背，忽然感悟，吟了一首诗："我有神珠一颗，久被尘劳羁锁。今朝尘尽光生，照见山河万朵。"守端很喜欢这首诗，牢牢地背了下来。有一天，他去拜访方会禅师。方会问他："你的师父过桥时跌下驴背突然开悟，我听说他做了一首诗很奇妙，你记得吗？"守端不假思索，完整地背诵出来。等他背完了，方会大笑一阵，就起身走了。守端愕然，想不出什么原因。第二天一大早，他就赶去见方会，问他为什么大笑。方会问："你见到昨天那个为了驱邪演出的小丑了吗？""我见到了。"方会说："你连他们的一点点都比不上呀。"守端听了吓了一跳说："师父什么意思？"方会说："他们喜欢人家笑，你却怕人家笑。"守端听了，当场就开窍了。如果你不能接受一次嘲笑，将会受到别人更多的挑剔和攻击。人生中，如果你不能忍一时之痛，那么你的痛苦将是长久的。

其实，人生的各种境遇都是我们学习的功课。有人能处逆境，却未必能处顺境。一个人用什么样的心态面对自己所处的环境，这就要看他"忍辱"的工夫做得够不够。听说在监牢里一关十几、二十年的犯人，据说很多是带着满腔恨意出狱的，所以，出狱以后往往变本加厉，犯下更大的罪案。

屈辱，是可以成为泯灭一个人理想之火的冰水，也可以成为鞭策一个人发愤成功的动力。要知道受屈辱是坏事，但也能变成好事。心理学家认为：人有三大精神能量源——创造的驱动力，爱情的驱动力，压迫、歧视的反作用驱动力。屈辱就是一种精神上的压迫，它像一根鞭子，鞭策你鼓足勇气，奋然前行。记得一位先哲说过，无论怎样学习，都不如他在受到屈辱时学得迅速、深刻、持久。屈辱使人学会思考，体验到顺境中无法体会到的东西。它使人更深入地去接触实际，去了解社会，促使人的思想得以升华，并由此开辟出一条宽广的成功之路。善于从屈辱中学习，是成就业绩的一个重要因素。

要把屈辱变成成功的动力，并不是件容易的事。不论何时，都要高悬理想的明灯，树立起坚强的精神支柱，抡起行动的巨斧。唯有如此，才能步入成功之旅。朋友，当你受到屈辱时，愤则兴，兴则进。

有充满信心的思考，就要有充满信心的行动

你知道以下三个人有什么共同之处吗？一个是在 1914 年的达特拉赛车大会上创下世界纪录的赛车手；一个是在第一次世界大战中击落德国飞机次数最多的飞行员；一个是在第二次世界大战中，因为飞机坠落在太平洋上，最后凭借救生艇漂流 22 天的盟军统帅顾问。

他们的共同点是，所有的奇迹都发生在一个人身上，他就是艾迪·里肯贝克。

20 岁时他在赛车场学做技工，22 岁时成为职业赛车手，两年后创下了赛车速度的世界纪录。在一战时期，作为飞行员，他创下 200 小时空战的美国空军作战纪录，连续 134 次空战未被击落，打下 26 架飞机。

他说："勇敢就是做你害怕的事。"这份果敢在和平时期照样使他成为传奇人物。1932 年，他受聘为东方航空公司副总裁，在当时航空界普遍亏损的情况下，他只用了不到两年时间就扭亏为盈，并主政东方航空公司达 30 年之久。他的儿子威廉在他去世前对记者说："他有一句终生奉行的格言，'我会誓死战斗到底。'"

也许你会抱怨自己的资质不够好，阻碍了自己的成功；你经常听到诸如此类的抱怨，"我天生就优柔寡断"，"我可没有他那么勇敢"，"我一生下来胆子就小。"……果真如此吗，没有人一出生就胆子大，所有人都要试着克服恐惧。

究竟什么是恐惧呢？恐惧多半是心理作用，但是它确实存在，并且是成功的头号敌人。行动可以治愈恐惧，犹豫、拖延则只会助长恐惧。当你感到恐惧的时候，朋友们常会好意地安慰你说："不要担心，那只是你的幻想，没有什么可怕的。"但是你我都知道这种治疗恐惧的药方根本起不了作用。这种安慰可能会暂时解除你的恐惧，但并不能真正地帮你建立信心，治疗恐惧。"那只是你的幻想"的老式疗法是假定恐惧只是你的心理在作怪，然而，恐惧不是无缘无故的，它总是有原因的。你害怕从高墙上跳下去，因为你知道那会很疼，所以你会产生恐惧，并且它是真实存在的。因此在我们克服它以前，先要承认它的存在。

恐惧是成功的第一号敌人。恐惧会阻止人抓住机会；恐惧会耗损精力、破坏身体器官的功能，使人生病，缩短寿命；恐惧会在你想要说话的时候封住你的嘴巴，恐惧会使人游移不定、缺乏信心。它能解释为什么会有经济萧条，为什么这么多人不能成大器，不能过快乐的生活。恐惧确实是一股强大的力量，它会用各种方式阻止人们从生命中获得他们想要的事物。

恐惧多半是心理作用。烦恼、紧张、困窘、恐慌都起因于消极的想象。但是仅知恐惧的病因并不能根除恐惧。正如医生发现你身体的某部分受感染，不会就此了之，而是进一步去治疗。有效的治疗必须对症下药。

首先，你要有一个这样的认识：信心完全是培养出来的，不是天生就有的。你所认识的那些能克服忧虑、无论何时何地都泰然自若、充满信心的人，全都是磨炼出来的。

在第二次世界大战期间，美国海军要求所有新兵一定要会游泳。这些年轻健康的新兵被只有几英尺深的水吓坏的样子十分可笑。有一项训练是从一块离地六英尺高的水板跳进（不是潜进）八英尺或更深的水中，同时有几位游泳好手在旁边监督。那种景象挺可怜的。他们表现出来的恐惧一点也假不了，但是他们唯一能做的，也是唯一能吓退恐惧的方法，就是纵身一跳。有好几个人"不小心"被推了下去，结果就不再害怕了。

这是许多海军士兵所熟悉的经历，它说明了一个要点：行动可以治愈恐惧、犹豫，拖延则助长恐惧。

请立刻在你的成功法则笔记上写下这句话：行动可以治疗恐惧。

1. 克服恐惧的方法

当我们遇到难以解决的困难时，一定要采取行动，否则事情不可能有转机。你行动了，不一定会辉煌，但是如果你犹豫不决、坐以待毙，那你只能品尝失败的苦果。希望是个开端，但要靠行动才能赢得胜利。希望获得胜利的人，要遵循"行动可以治疗恐惧"的原则。

下次当你遇到恐惧时，不论是轻是重，你都要先保持冷静。然后再去想"我该采取什么行动能克服恐惧"。

下面的两个步骤可以帮助你克服恐惧、隔离恐惧、建立信心，防止它再扩大。与此同时，还要搞清楚你到底在怕什么，只有这样你才能彻底解决问题。

行动起来，无论什么样的恐惧总会有办法解决；

还要记住，犹豫只会加剧你的恐惧，要当机立断，立刻行动起来。

下面所列的是一些常见的恐惧以及可能的医治行动。如果为仪表感到困窘，那么改进它，到理发厅或美容院去。擦亮皮鞋，洗净衣服，整齐清爽并不一定需要新衣服。如果怕失去一位重要的客户就应该加倍努力提供更好的服务，改掉任何会使客户对你丧失信心的缺点。如果怕考试不及格就把担心的时间用来复习功课。如果怕事情完全超出预料就将注意力转移到完全不同的事上，例如到后院拔草，跟孩子一起玩，去看场电影等。如果怕别人会怎么想、怎么说，那么确信你计划要做的是正确的就去做。因为任何人做任何有价值的事，都不会有人批评的。

2. 克服对别人的畏惧

畏惧别人是一种很严重的恐惧，当然这也是有办法克服的。如果你学会适当地评价他人，就能克服对他们的恐惧。

下面是两种适当评价别人、克服对别人的恐惧的方法：

（1）对别人的看法要保持平衡。与其他人相处时，要记住两点：第一，别人都是重要的，每一个人都是重要的角色。第二，要记住，你也很重要。所以，当你遇到任何人时，要这么想："我们是两个重要的人物，正坐着讨论有关共同兴趣与利益的事情。"

这种态度能帮助你保持平等地看待对方。不必把别人想得比你重要，虽然他们看起来很有分量。但是，请注意：在本质上他跟你有相同的兴趣、嗜好与问题。

（2）学会谅解别人。不时会有人辱骂你、对你咆哮、挑你毛病或使你被动。如果你没有准备，这些就会打击你的信心，使你觉得完全崩溃了。你的确需要采取一些措施来防范那些外强中干的、蛮横的人。

有人跟你作对时要记住，在这种场合获胜的方法是：控制自己的情绪，让对方尽量发泄，然后再忘掉它。

"行事正当"能使你的良知获得满足，有助于建立自信。"行事出轨"会导致两种消极的结果：第一，罪恶感会腐蚀我们的信心；第二，别人迟早会发现而不再信任我们。

下面这个心理学原则值得反复研读：要建立信心，就要行为端正。

许多心理学家都告诉我们，我们能借着改变实际行动来改变我们的心态。例如，如果你使自己发笑，你就会觉得真的很好笑。当你挺直腰背时，你就会觉得自己很优秀。相反，你一脸苦相，看看会不会真的感到苦闷。

要证明控制行动能改变情绪很容易。自我介绍时总感到很害羞的人，在同时采取三种很简单的行动以后，信心就会代替胆怯。第一，伸出手来热切地握住对方。第二，正视对方的眼睛。第三，说"我很高兴认识你"。

这三种简单的行动马上能自动驱除害羞感。有信心的行动会产生有信心的想法。所以，若要有充满信心的思考，就要先有充满信心的行动，并且要照你希望的方式来行动。

勇敢地把帽子扔过高墙

一天，几个小孩比赛翻墙，有个叫小志的男孩翻了几次都没有成功。他正要离开时，一位老爷爷走过来说："小家伙，别泄气，这墙你能翻过去的。"

小志摇了摇头。

老爷爷说："你想翻过去，我有办法。"说着便摘下头上的帽子，顺手扔过了墙。

小志一看，别的小孩都走了，恼怒地叫嚷："坏老头，你是个坏老头！"

"说啥也没用，你现在必须翻过去，才能拿到你的帽子。"老爷爷说完扬长而去。

这时，小志面对高墙，不翻也得翻，经过几番努力，终于从高墙上翻过去了。

小志长大后，在新加坡开办了一个纺织厂，不幸的是一场大火把工厂烧成灰烬，一夜之间他又变成了穷光蛋。他决定返回宁波老家去，想在那儿过个平安日子。就在动身时，他忽然想起小时候翻墙捡帽子的事。顿时他眼前一亮，产生了背水一战的决心，最终打消了回家的念头。他领着两个伙计来到马来西亚的一个岛上，先在一家农场打工，经过 10 年的拼搏，终于创建了自己的农庄。后来，他深有感触地说："老爷爷扔了我的帽子，我却捡回一个智慧。"

不给自己留后路，将自己逼入"死胡同"，就好比打仗时背水一战。传说从前有个将军，以寡敌众，为求必胜，他用船将士兵载往敌岸，卸下装备之后，便下令烧船。拂晓攻击之前，他严肃地对士兵们说："你们都看见了，我们所有的船只都烧毁了。现在我们没有任何的退路，这一仗我们是非胜不可，否则我们没有一个人可以活着离开这里。我们现在只有两条路——不是胜利，就是死亡，再无其他的选择。"

战斗打响了，士兵们表现出从来没有过的英勇。经过一天一夜的浴血奋战，他们以少胜多，赢得了胜利。

一个目标一旦确立，不在奋斗中死亡，就在奋斗中成功。人在绝境或没有退路的时候，才容易产生爆发力，展示出非凡的潜能。

美国杰出的心理学家詹姆斯的研究表明：一个没有受逼迫和激励的人仅能发挥出他潜能的 20%～30%，而当他受到逼迫和激励时，其能力可以发挥到 80%～90%，相当于前者的 3～4 倍。许多有识之士不但在逆境中敢于背水一战，即使在一帆风顺时，也用切断后路的强烈刺激，使自己在通向成功的路上立起一块块胜利的路标。巴金一生靠稿酬生活，他该拿的职务工资为什么不去拿？居里为什么只要实验室，而不要颁发的勋章？爱因斯坦为什么拒绝当总统，而要献身科学？他们这么做，就是自己逼迫自己去跨越人生的"高墙"。

人生有所得必有所失，有所取必有所舍。只有不断地跨越"高墙"，才能发现可能的境界，从而进入不可能的境界。

我国伟大的地理学家徐霞客，就是一位敢于跨越人生"高墙"的成功者。他的一生，大部分都是在旅途中度过的。他登悬崖、攀绝壁、涉洪流、探洞穴，历经了无数艰难险阻。他在游嵩山时，向当地人打听下山的道路，人家告诉他，下山的路有两条：一条是平坦的大路，另一条是险峻的小道。他毫不犹豫地选择了后者，出没于陡岩丛莽中，经过艰难的跋涉才到山下。经历了这番艰险，他感慨地说："人家说嵩山没有什么可游的，只是没有看到险峻的地方。"他的话道出了一个成功者的智慧。徐霞客在人生的道路上不断地激励自己，逼迫自己，主动地给自己制造逆境，终于越过了"高墙"，看到了自然界的美景。他撰写的《徐霞客游记》是世界上第一部系统地研究岩溶地貌的科学著作，比欧洲人的此项考察早了二百多年。人们评价这部游记是"世间真文字、大文字、奇文字"。

成功是个人的选择，只有选择成功的人，才能成功。如果我们想在最恶劣、最不利的情况下取胜，最好把所有可能退却的道路切断，有意识地把自己逼入绝境。只有这样才能保持必胜的决心，用强烈的刺激唤起那敢于超越一切的潜能。

失败也是个人的选择，失败者是因为放弃了成功的选择而失败。有些人自甘埋没，对身边的一切事情都做低调处理，以为这最保险，最稳妥，殊不知这是在埋没自己的才能。与其说失败、逆境可怕，不如说留下退路更可怕。一个人天天想着退路，事事考虑稳妥，这个人十有八九会失败。

这个世界永远有新的"高墙"立在你的前面，有新的领域等待你去征服，关键是你敢不敢把"帽子"扔过去。只要你敢扔，就预示着你又离成功进了一步。

每一寸土地都能长出黄金来

我没有钱，但我可以赚。只要你有这样的信心，并朝着它努力的话，总有一天你会成功。

弗兰克森是美国著名的商品零售高手。他于 1879 年开办了美国第一家零售店。他没经商以前生活非常贫困，无论怎么努力，也很难改变困窘的状况。于是，他离开了农场，沿着镇里的店铺挨家访问，想谋求一份店员的工作。然而，老板嫌他没有销售经验，没人愿意雇用他。后来，他来到一个小副食店，因为没有经验，老板只同意给他提供食宿，但没有薪水。

再后来，他到了一家布料店。老板认为他没有经验，不能接待客人，命令他大清早到店里升炉火，然后擦窗子、送货，而且半年内不能领薪水。他说，他在农场工作了 10 年，才存了 50 美元。这些钱只能维持三个月的生活费用，那么至少从第四个月开始，请付我日薪 50 美分吧！

老板答应了，但条件是每天必须工作 15 小时，也就是每小时薪金 3 分钱。他的事业就这样开始了。一年后，他用借来的 300 美元开设了一家商品零售店，销售的全是 5 分钱的货物。十几年后他建立了当时世界第一高楼，即弗兰克森大厦。

在国际上，"希尔顿"是旅馆业的代名词。闻名世界的全球连锁饭店的创始人希尔顿，白手起家，经过艰苦的创业才成就了现有的事业。

老希尔顿创建希尔顿酒店帝国时，曾指天发誓："我要使每一寸土地都生长出黄金来。"

70 多年前，希尔顿以 700 万美金买下阿斯托里亚大酒店的控制权后，以极快的速度接管了这家纽约著名的宾馆。一切欣欣向荣，开始进入正常的营运状态，所有的经理们都认为他已经充分利用了一切生财手段。但是老希尔顿却不放过任何一点可利用的空间。

有一天，他在酒店大堂前停下来，注视着大厅中央那些巨大的通天圆柱。既然这四个空心圆柱在建筑结构上没有支撑天花板的力学作用，那么它们还有什么存在的意义呢？于是，他叫人把它们迅速改造成四个透明的玻璃柱，并在其中设置了漂亮的玻璃展箱。这一构想使四根圆柱不仅具有装饰性，而且还充满了商业意义。

没过几天，纽约的珠宝商和香水制造厂家便把它们全部包租下来，并把自己的产品摆了进去。而希尔顿坐享其成，这四根柱子每年都能收回许多租金。

从前有个人，家里很穷，他决心要改变现状，于是告别父母，千里迢迢来到北方，在大森林里寻找人参。然而，幸运之神并没有光顾他，他在大森林里迷了路，身上带的干粮吃尽了，水也喝光了。他在茫茫无际的森林里，找不到出山的路径，而且随时都有葬身于野兽之腹的可能。

他在森林里漫无目的地走了三天，已经筋疲力尽，奄奄一息。夜幕降临的时候，耳边响起松涛声和野兽的怪吼，无边的恐惧像潮水一样向他袭来。他感到自己快不行了，但是，他不想死在这里，他最大的心愿就是活着走出这片森林。

饿极了，他就随便抓起一把草塞进嘴里，不停地咀嚼，微苦的草汁流进胃里，他感到不那么饿了。他躺在地上数着天上的星星，"一颗、两颗……"，他用这种办法来对抗寒冷和饥饿。

不知道过了多久，天慢慢地亮了，万道霞光从森林的枝叶间透进来。采参人漫不经心地看了看他昨夜随手抓过的草，蓦然间在那片草丛中看到了火红的参花！它是那么新鲜，那么耀眼。刹那间，采参人看到了希望。他不仅采到了一棵极为罕见的七品人参，而且沿着太阳的方向，走出了森林。

贫穷虽然不能带来任何利益，但能磨炼人的品性、意志。许多人凭借这些来冲破困境、阻力，打开一条从没有人打开过的通往成功的路。

泰勒出生在美国路易斯安那州一个贫困的黑人家庭，他5岁时开始劳动。泰勒的大多数伙伴都是佃农的孩子，他们都很早就参加劳动。这些家庭认为贫穷是命运的安排，因此，并不要求改善自己的生活。

小泰勒有一点同其他小朋友们不同：他有一位不平常的母亲，母亲不肯接受这种仅够糊口的生活。她时常对儿子说："泰勒，我们不应该贫穷。我不愿意听到你说：我们的贫穷是上帝的意愿。我们的贫穷不是上帝的缘故，而是因为你的父亲从来就没有产生过致富的愿望。我们家庭中的任何人都没有产生过出人头地的想法。"

"没有人产生过致富的愿望"，这个观念在泰勒的心灵深处刻下深深的烙印，以致改变了他的一生。他决定把经商作为生财的一条捷径，最后选定经营肥皂。于是，他挨家挨户出售肥皂达 12 年之久。

后来他获悉供应肥皂的那个公司即将拍卖出售。泰勒很想把它买下，他依靠自己在多年经营活动中树立的良好信誉，从朋友那里借一些钱，又在投资集团那里得到了帮助，共筹集到 11.5 万美元，但还差 1 万美元。当他漫无目的地走过几个街区后，看到一家承包事务所的屋子里还亮着灯。泰勒走了进去，看见写字台后面坐着一个因深夜工作而疲惫不堪的人，福勒直截了当地对他说："你想挣 1000 美元吗？"这句话吓得这位承包商差一点倒下去。"想，当然想。"

"那么，请你给我开一张 1 万美元的支票，当我还这笔借款的时候，将另付出 1000 美元利息给你。"当泰勒离开这个事务所的时候，口袋里已经有了一张 1 万美元的支票。

后来，他不仅得到那个肥皂公司，还取得了其他 7 个公司和一家报馆控股权。当有人与他一起探讨成功之道时，他就用母亲多年以前所说的那句话回答："我们是贫穷的，但不是因为上帝，而是我们从来没有想到致富。"

世界上许多人忙忙碌碌，他们的目标几乎都是同样一个，即金钱。金钱困惑着许多人。有些人没有创业的资本，但是具有自身的优势，比如胸怀大志、坚持不懈，不达目标不罢休的坚韧精神、品格等，相信这些会帮助有志者走向成功。

把自己定位"失败者"，你就失去了成功的可能

吉斯出生在美国北部一个小村里，父母是意大利移民。当他还是一个孩子的时候，一场全球的经济萧条席卷了美国，父亲所在的矿山关闭，从此加入到失业的行列中。为了生活，他过早地承担起生活的重担，到一家杂货店工作。从那时开始，他便显露出在推销方面的天赋。很快食品店经理让他干售货员的工作。吉斯当上售货员后，销售额总是最多。他白天卖食品，晚上不厌其烦地清理摊位、打扫卫生。起初，他的报酬只是一些长了黑点的番茄或其他烂水果，后来由于他勤恳地工作，经理主动将报酬改为现金支付，并提高到一天 5 元。

后来，这家连锁店的部门经理发现了这个年轻人，把他调到总店来亲自培养。吉斯初到总店时，工作还是老本行——卖水果。他的水果摊设在最繁华的街道，为了赚取更多的钱，大家都使出浑身解数，拼命拉顾客，竞争非常激烈。由于吉斯很会把握顾客的心理，销售业绩直线上升。

然而，幸运并不总是跟随着一个人的。由于水果冷藏厂起火，

有 18 箱香蕉被烤得皮上生了许多小黑点。为了把损失降到最低，老板加纳先生把这些香蕉交给吉斯，让他降价出售。当时，香蕉的价格是每 4 磅 2 角 5 分。加纳让吉斯将这批香蕉降至每 4 磅 1 角 5 分，甚至再少点也行。

第二天，吉斯带着这些"丑陋的家伙"出现在水果摊前，这些香蕉只是外表不好，里面却完好无损，虽然价钱很低，可仍然无人光顾。这可给吉斯出了道难题，他独自品尝着香蕉，突然他发现，这种经过烟熏火烤的香蕉，吃起来还别有一番风味。次日一大早，吉斯摆上香蕉便大声吆喝："快来买呀，新进的阿根廷香蕉，全城只此一家！"听了他的吆喝，许多人驻足观看，吉斯趁机向一位衣着不俗的女士推荐。这位女士买下了香蕉，别人也在这位女士的带动下纷纷来买，18 箱香蕉很快以高出市价一倍的价格销售一空。

吉斯从做杂货店的小工开始，渐渐地热爱上了推销员这一职业。后来他创建了自己的公司，50 岁的时候，他已经是亿万富翁了。

许多人都知道，齐藤竹之助是世界首席推销员，也许没有人知道，他的成功是被一笔巨大的债务逼迫出来的。

齐藤竹之助 57 岁的时候参加竞选，竞选失败后欠下 3320 万日元的巨额债务。对于一个 57 岁的男人来说，这不是一笔小数目，但他并没有灰心丧气。为了赚钱，他于 1957 年加入朝日生命保险公司，做了一名业务员。

当时朝日生命保险公司大约有两万名推销员，齐藤竹之助暗暗发誓：一定要在其中名列前茅。他拜访的第一个对象是东邦人造丝公司。然而不巧的是，当时在生命保险公司号称"日本第一"的老手渡边幸吉已经来过，齐藤竹之助感到巨大的压力。

那天晚上，他回到家中，制订出一份详细的计划。第二天一早，他带上计划，再次拜访东邦人造丝公司。之后他天天去打听情况。最终，由于那份出色的计划和他热情的态度，他拿到了东邦人造丝公司 2000 万日元的合同。他为自己努力的结果而流泪。

在访问东邦人造丝公司的同时，齐藤竹之助还对其他行业的顾客进行了访问，其中有一流公司的干部、中小企业的经理，还有家庭主妇等。只要有一线希望，他就一个个地依次去推销。

为了成为日本第一推销员，他不顾生活的艰苦，从不退缩。功夫不负有心人，5 年后，齐藤竹之助终于在朝日生命保险公司赢得了"首席推销员"的称号。

这一年，他还清了所有借款，生活逐渐富裕起来。这时，他已经 62 岁了。但齐藤竹并不满足于已取得的成绩，他没有退下来享清福，而是把职业看成人生一个不可分割的部分。他向自己提出了更高的要求——在日本 85 万名推销员中成为第一。

为了实现这一愿望，齐藤竹之助更加努力地工作，从早到晚，一刻不闲。

1959 年 7 月。齐藤竹之助第一次实现了 1.4 亿日元月销售额，随后，又创造了 2.8 亿日元月销售额的新纪录，成为日本首席推销员。

取得了这些成绩之后，齐藤又制定了一个目标——他要在推销生命保险的事业中成为世界第一。

1985 年，他完成了 4988 份合同的签订工作，即使是在生命保险业最发达的美国也从没有人能够取得如此佳绩。齐藤竹之助以 72 岁高龄，登上了世界首席推销员的宝座。

许多人都有一种消极的心态，在失败面前总以为自己不如别人，致使"失败"的感觉一直强烈地占据心灵。

一旦将自己界定为一个"失败者"，我们就已经除去了成功的可能性。曾经失败过并不是问题的所在，而是我们怎么来看待失败。一个乐观的人可能会说"我还没有成功"。

爱迪生虽然被认为是一个发明家，但他从不沉浸在喝彩与赞美声中。拿破仑·希尔第一次采访他时，问道："爱迪生先生，你对发明灯泡过程中所产生的无数次失败有什么看法？"

爱迪生回答："对不起，你说什么？请再说一遍。我从来没有失败过。我有过无数次没有成功的经验，而我必须结合足够的经验来找到成功的方法。"

所有的经验，就像学习走路。我们不断地尝试，并不能说我们是失败者。对于大多数人而言，只是还没有足够的经验来让他们成功。

在波涛汹涌、一望无际的大西洋航行时，哥伦布并不知道他将到达哪里，在他的私人航海日记上记着："今天我们继续往西南航行。"

无论怎样，在人生的航路上，我们要永不言败，像哥伦布那样，虽然不知道要去那里，但仍充满信心，勇往直前。